U0226769

Mr.Know-All

从这里，发现更宽广的世界……

高高 BOOKS

青少年科学与艺术素养丛书

魅力科学

小书虫读经典工作室 编著

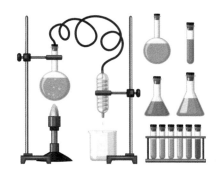

天地出版社｜TIANDI PRESS

山东人民出版社·济南

国家一级出版社 全国百佳图书出版单位

图书在版编目（CIP）数据

魅力科学 / 小书虫读经典工作室编著. — 成都：
天地出版社；济南：山东人民出版社，2022.6
（青少年科学与艺术素养丛书；3）
ISBN 978-7-5455-7078-6

Ⅰ.①魅… Ⅱ.①小… Ⅲ.①科学知识—青少年读物
Ⅳ.①Z228.2

中国版本图书馆CIP数据核字（2022）第072451号

MEILI KEXUE

魅力科学

出 品 人　杨　政
编　　著　小书虫读经典工作室
责任编辑　李红珍　李菁菁
装帧设计　高高国际
责任印制　董建臣

出版发行　天地出版社
　　　　　（成都市锦江区三色路238号　邮政编码：610023）
　　　　　（北京市方庄芳群园3区3号　邮政编码：100078）
　　　　　山东人民出版社
　　　　　（山东省济南市市中区舜耕路517号11-14层　邮政编码：250003）
网　　址　http://www.tiandiph.com
电子邮箱　tianditg@163.com
经　　销　新华文轩出版传媒股份有限公司

印　　刷　北京盛通印刷股份有限公司
版　　次　2022年6月第1版
印　　次　2022年6月第1次印刷
开　　本　700mm×1000mm　1/16
印　　张　300（全20册）
字　　数　4800千字（全20册）
定　　价　998.00元（全20册）
书　　号　ISBN 978-7-5455-7078-6

版权所有◆违者必究

咨询电话：（028）86361282（总编室）
购书热线：（010）67693207（营销中心）

如有印装错误，请与本社联系调换。

总　序

聂震宁

　　一段时期以来，推广阅读特别是推广校园阅读时，推荐种类大都以文学或文史类居多，即使少量会有一点与科学相关，也还大都是科幻文学和科普文学作品，纯粹的科学与艺术知识类图书终归很少。这不能不说是一个很大的缺憾。

　　重视文史特别是文学阅读，当然无可厚非——岂止是无可厚非，应当说是天经地义！"以史为鉴，可以知兴替"，读文史书的意义古人早已经说得很深刻，而读文学的意义更是难以说尽。文学是人学，是对人的灵魂和精神的洗礼，是对人的心性、品格和气质的滋养。中国近代思想家、《少年中国说》的作者梁启超先生曾经指出："欲新一国之民，不可不先新一国之小说。故欲新道德，必新小说；欲新宗教，必新小说；欲新政治，必新小说；欲新风俗，必新小说。" 中国现代文学奠基人、著名文学家鲁迅先生年轻时认识到文学可以改善人们的思想觉悟，唤醒沉睡麻木的人们，激发公民的爱国热情，因而弃医从文，写出大量唤醒民众、震撼人心的文学作品，成为五四以来新文化运动的先驱和主将。

　　一个人如果在少年儿童时期阅读到许多优秀的文学作品，必将受益终生。优秀的文学作品能帮助我们树立壮丽而远大的理想，激发我们追求真理、勇攀高峰的勇气，引导我们对人生、社会、历史以及文学艺术形成深刻的理解和体悟。文学阅读不能没有，然而，科学知识

1

的阅读同样也不能没有。科学是关于发现、发明、创造、实践的学问。科学能帮助我们了解物质世界的现象，寻求宇宙和自然的法则，研究自然世界的规律……通过科学的方法，人类逐渐掌握了物理、化学、地质学、生物学、自然以及人文科学等各个方面的知识和规律。人类的进步离不开科技的力量。科技不仅仅承载着人类未来和探索宇宙等重大使命，也与我们的日常生活息息相关。了解必备的科技知识，掌握基本的科学方法，形成科学思维，崇尚科学精神，并掌握一定的应用能力，对于少年儿童的成长具有特别重要的作用。

然而，长期以来，我国公民的科学素质都处于较低水平。相信很多朋友都还记得，2011年日本发生9.0级强地震引发核泄漏事故，竟然在我国公众中引起了一场抢购食盐的风波。更早些时候，广东和海南等地"吃了得香蕉黄叶病的香蕉会得癌症"的谣传满天飞，致使香蕉价格狂跌不已，蕉农和水果商家损失惨重。虽然事情原因比较复杂，但公民科学素质不高显然是一个重要因素。社会上时不时就会出现的因为公民科学素质不高而轻信谣言传闻的事实，也一再提醒我们，必须下大力气提高公民科学素质。

关于我国公民科学素质相对处于较低水平的说法是有依据的。公民科学素质包含具备基本科学知识、具备运用科学方法的能力、具有科学思维科学思想，同时能够运用科学技术处理社会事务、参与公共事务。按照国际普遍采用的测量标准，经过科学的调查和测量，我国公民具备科学素质的比例一直比较低，在2005年只有1.60%，2010年也只有3.27%，2015年提高到6.2%，但也只相当于发达国家20世纪80年代末的水平。经过近年来各级政府大力开展科学普及工作，2018年我国公民具备科学素质的比例达到了8.47%，与主要发达国家在这方面的差距进一步缩短。科学素质是决定人的思维方式和行为方式的重要因素，是人们过上更加美好生活的前提，更是实施创新驱动发展战略的基础。在科技日新月异、迅猛发展的今天，科技深刻地影响着经济社会人们生活的方方面面，公民科学素质已经成为国家综合实力的重要组成部分，成为先进生产力的核心要素之一，成为影响社会稳定和国计民生的直接因素。提高我国公民的科学素质，应当成为当前的一项紧迫任务。

"青少年科学与艺术素养丛书"就是为着提高我国的公民科学素质特别是少年儿童的科学素质而编著出版的。丛书由小书虫读经典工作室编著，整套图书共 20 册，其中涉及科学知识的有 10 册。

丛书的编著者清晰认识到，这是一套面向中国少年儿童读者的科学普及读物，应当在以下几个方面明确编著的思路和精心的设计。

第一，编著者主张着眼中国、放眼世界。编著的内容既要适合中国的少年儿童阅读，又要具有世界眼光，选题严格把控，既认真参考发达国家同年龄阶段科学教育的课程内容，又从中国青少年的阅读认知实际出发。

第二，编著者要求主题集中。每本书系统介绍相关主题，让读者集中掌握相关知识，在一定程度上达到专业知识完备的要求。

第三，鉴于青少年学习的兴趣需要培养和引导，编著者在坚持科学知识准确的前提下，努力让素材生活化、趣味化。科学与艺术并不是摆放在神坛上供人膜拜的圣物，而是需要通过一个个生动问题的解决来体现的。编著者希望这套图书既能够丰富少年儿童的课外阅读，让他们在快乐阅读中获取知识，又能帮助老师和父母辅导他们的课堂学习，激发他们发奋学习、勇攀高峰的兴趣和勇气。

第四，编著者力争做到科学知识与人文关怀并重。无论是书中问题的设计还是语言的表达，都要注意到体现正确的价值观、健康的道德情操和良好的审美趣味，要有利于培养少年儿童的大能力、大视野、大素质。

此外，这套图书在装帧设计和印制上下了很大功夫。装帧设计努力做到科学与艺术的有机结合，插图追求精美有趣。由于采用了高品质的纸张和全彩印刷，整套图书本本高品质，令人赏心悦目，足以让少年儿童读者在学习科学知识的同时也能得到美的享受。

在我国全民阅读特别是校园阅读蓬勃开展的今天，"青少年科学与艺术素养丛书"的出版无疑是一件值得肯定的好事。在阅读活动中，推广文史类特别是文学图书的阅读，将有利于提高公民特别是少年儿童的人文素质，而推广科技知识类图书的阅读，则将有利于提高公民特别是少年儿童的科学素质。国家要富强，民族要振兴，公民这两大素质是不可缺少的。

（聂震宁，编审，博士研究生导师，第十、十一、十二届全国政协委员，中国作家协会会员，中国出版集团公司原总裁，现任韬奋基金会理事长、中国出版协会副理事长）

推荐序

何 彦

　　20 世纪的七八十年代，我在读小学和中学。那个时候信息与资料还比较匮乏，知识普及类图书不多，但这没有影响孩子们对自然科学和人文科学的好奇与热情。我和我的小伙伴们读着《十万个为什么》、《上下五千年》、叶永烈的科幻小说、大科学家们的故事……我们景仰着牛顿、爱迪生、居里夫人、华罗庚、陈景润……憧憬着国家实现现代化的美好蓝图，我们被知识激励，被科学家、历史学家引领，在不断学习中终于成为博学、有底蕴、眼界宽广的人。

　　几十年过去，出版、互联网和人工智能的发展进步使得知识的普及与传播实现了量的积累与质的飞跃。现在的孩子们是幸运的，他们面对着更为多元的知识和拥有着更为优质的学习渠道。但是，个人的时间是有限的，知识传播也呈现出碎片化的倾向，如何让这个时代的青少年全面、有效地对自然科学和人文科学有一个整体的认识，已经成了今天科普出版的重大难题。

　　因此，我很高兴能够看到这套图书的付梓。它选材丰富全面，但不是机械地堆砌知识，而是引导青少年读者在欣赏一个个美妙的知识细节的过程中，逐渐形成对事物整体的把握。孩子们会看到整个世界就像一个活泼的生命，它多姿多彩，千变万化，有着无尽的可能，让他们由衷地好奇、赞叹，希望亲自去探索。

人类既生活在宇宙空间里，也生活在历史中。我们来自空间和历史，也改变着空间和历史。在这套丛书里，孩子们通过对历史的了解，对科技发展的认识，不仅可以看到人类一路走来的艰辛，也可以看到人类的伟大意志和力量，并思索人类应该肩负的责任。这套丛书在传播知识的同时，也带给孩子们价值观和梦想的启迪。

　　培根说："知识就是力量。"好的书籍就像接力棒，把人类知识的力量一代一代地传递下去！

（何彦，清华大学化学系教授、博士生导师）

目录

CONTENTS

第一章
水的秘密

第二章
奇妙的化学现象

第三章

生活中的趣味物理

第四章 ————
无处不在的光

第五章
力为什么看不到

第六章
自然中的电与生活中的电

第七章

神奇的磁与电磁

第八章
数学原来超有趣

第九章
离不开的电子科技

水的秘密

　　据科学研究发现，地球上最初的生命是从水里诞生的。水是生命之源，也是所有生命体的重要组成部分。在漫长的人类文明发展史中，水一直起着举足轻重的作用。那么水究竟是什么？是洪流滚滚的江河，是波平如镜的湖泊，还是蔚蓝神秘的大海？它又有着怎样的特性呢？让我们迈出了解水的第一步。

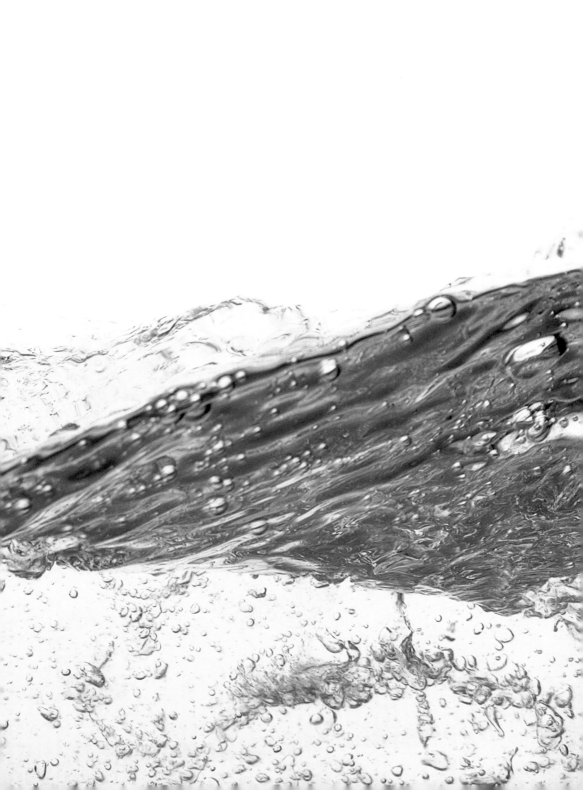

什么是水

在日常生活中，水始终扮演着十分重要的角色。口渴要喝水，浇花要用水，洗衣服也要用水，行船航运就更离不开水。水的种类也很多：泉水、井水、河水、海水、雨水、雪水、地下水……那么，水究竟是什么呢？

据科学分析，水是由"氢"和"氧"两种元素组成的物质，化学式是 H_2O。在常温常压下，它是一种无色无味的透明液体。但在自然界中，纯粹的水是十分少见的。河水、井水、海水、雨水等这些我们常见的水，其实都是包含了酸、碱、盐等物质

▼ 水分子是由氢和氧组成的

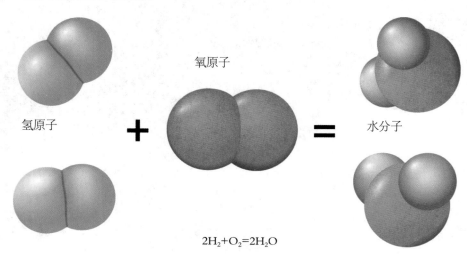

氢原子

氧原子

水分子

$$2H_2+O_2=2H_2O$$

的水溶液。我们习惯上把这些水溶液也称为水。水本身的溶解能力非常强，我们常见的许多物质都可溶于水，例如，食盐、蔗糖等。

纯水可以通过蒸馏获得，但这样得到的水也只是相对纯净，不可能是完全无杂质的。水可以在气态、固态和液态三种形态之间转化，固态的水我们称之为冰，气态的水我们称之为水蒸气。夏天的时候，大家都吃过冰棍儿吧？没错，那就是一种固态的水！

水是什么颜色的

水是什么颜色的？提到这个问题，不同的人大概会给出不同的答案，譬如蓝色、绿色等，因为江河湖泊的水往往呈现出蓝色或绿色。但事实上，纯净的水是没有颜色的透明液体。我们经常看到的水之所以会有各种各样的颜色，有多种原因：首先，水有多种光学性质，对光线会产生吸收、反射和散射等，这是导致水呈现不同颜色的主要原由；其次，水里往往含有杂质，也会影响水的颜色；最后，水底地面的颜色和一些水生生物的颜色，也会使得我们视觉上感受到水的颜色发生变化。

我们看到的海水通常呈深蓝色，主要是因为海水对光线的吸收、散射和反射作用。洗完衣服的水有时呈现黑色、红色等，是因为衣服掉色，把水染成了别的颜色。黄河水之所以看起来浑浊发黄，是因为水中泥沙含量高。而红海局部地区海域的海水之所以呈现红色，是因为茂盛的红色海藻影响了视觉效果。

现在，你知道水是什么颜色了吗？

为什么有淡水和咸水之分

我们常会听到"咸水"与"淡水"的说法，那么，为什么水会有咸淡之分呢？咸水和淡水又有什么区别呢？

淡水就是含盐量较少的水。从严格意义上讲，含盐量小于 0.5g/L 的水都属于淡水。但问题是，虽然地球上水的总量很多，淡水储量却很少，仅占全球总水量的 2.53%，而且其中约三分之二是分布在极地和山脉地区的冰川水，还有一部分深藏在地下，很难进行开采利用。目前，人类可以直接利用的淡水资源只有湖泊淡水、河床水和较浅层的地下水，三者总量只占地球总水量的 0.2% 左右。随着人口增长和工业的发展，人类对淡水资源的用量愈来愈大，而水资源的浪费和污染的现象越来越严重，因此，保护并合理利用淡水资源，已逐渐成为关乎人类生存的重大问题。

相对于淡水来说，咸水是指含盐量高的水。地球上的水绝大部分是咸水，其中最多的是海洋水，其次是一些咸水湖湖水。咸水杂质众多，口感很差，咸水是不能直接饮用的。有些地方的咸水甚至表现出高硬度、高氟、高砷、高铁锰、低碘、低硒等特征，如长期饮用会严重影响人们的身体健康。因此，咸水必须经过合理的淡化处理才能饮用。

小贴士

　　原始的海洋中，海水不是咸的，而是带酸性、缺氧的。之后水分不断蒸发，反复地成云致雨，重新落回地面，把陆地和海底岩石中的盐分溶解，不断地汇集于海水中。经过亿万年的积累融合，海水才变成了现在的咸水。

▼ 地球上被蓝色覆盖的
　　地方都是海洋

为什么水结成冰体积会变大

不知道大家有没有试过自己在家冻冰块呢？做冰块时有一个小技巧，就是每个冰格子里的水不能倒得太满，要留一些空间，不然冻好的冰就会溢出冰格子。那么，为什么水变成冰体积会增大呢？

这是因为冰的密度比水小。例如，倒一杯水，再放入一两个冰块，我们发现冰块会浮在水面上，这就说明了冰的密度要比水小。

可是，冰是水的固体形式，密度竟然比水小，这听起来简直有点不可思议！

这里面的原因有些复杂。水分子之间存在着氢键。在冰的结构中，水分子的排布是每一个氧原子与 4 个氢原子为近邻，也就

▼ 水与冰的分子结构图

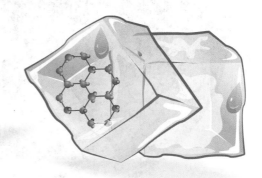

是说，一共有两个共价键和两个氢键共同构成冰的结构骨架，这种结构比较疏松。在水温由 0 摄氏度升高的过程中，氢键断裂，骨架坍塌，于是水分子的结构变得更为致密，使得水的密度增大，所以冰的密度反而比同温度的水的密度要小。这恰恰证明了：一定质量的物质处于固态时，分子间隙不一定小于液态；相同体积的情况下，固态物质也不一定就比液态的重！

为什么水珠是圆的

无论是水龙头下挂着的水珠、湿衣服滴下的水珠，还是草叶上滚动的水珠，无一例外都呈圆球形。这是什么缘故呢？

原来，液体表面有一种性质叫作表面张力，就是液体表面相邻分子之间的相互引力。液体分子不像气体分子那样可以随意扩

▼ 正在滴落的球形水珠

散，这种张力使液体分子尽可能地凝聚，且富有弹性，使不受外力作用的液体成为圆形。因为对于一定体积的物体而言，球面的表面积最小。因此，水滴分子总是尽量靠拢，从而使表面积缩小，这样就成了圆形，或者说球形。

当然，由于还受到重力、尘埃等作用，这种液滴并不是完美的正球形或正圆形，所以越是小水珠，它的形状就越圆，而大水珠由于受到的地球引力作用更大，形状就会略扁一些。

为什么水能灭火

大家都知道，水可以用来灭火。那么，为什么水不会被火点燃，或是在火焰的高温下蒸发呢？

水可以灭火是由水的物理和化学性质所决定的。虽然少量的水与火接触会受热蒸发，但是大量的水与火接触后能大量地吸收火中的热量，使燃烧的物质的温度降到燃点以下，从而停止燃烧。所以，人们常用水来灭火。

那么，为什么水不会被火点燃呢？其实，燃烧需要两个条件：第一是有可燃物和助燃物；第二是可燃物达到着火点，即燃点。所以灭火只需要切断其中一方面就行。我们平常用到的最多的灭火方式就是泼水，因为它既可以隔离氧气与可燃物，又能为可燃物降温，当然这只能对付最平常的燃烧。如果燃烧的是油，泼水则无济于事，因为油的密度比水小，会浮到水面上来。还有一些

▲ 消防直升机用水灭火

东西烧着了也不能泼水，如碱性金属等。

总之，水不是可燃物，也不是助燃物，具有这样性质的物质可以用来灭火，但是也要根据燃烧情况来决定是否可以用水灭火。

水是怎样形成的

千条江河，万顷海洋，蕴藏着看似取之不尽用之不竭的水。水是生命的保障，是力量的源泉，没有水，地球将是一个死寂的世界。那么，地球上的水是怎么来的呢？

关于水的起源的认识仍存在很大的分歧，目前有 30 多种关于水形成的学说。我们这里只是简述几种主要学说，更深层次的内容还有待将来继续探索。

一种学说主要是由地质学家们提出的。他们认为，在地球形成之前的初始物质中存在一种含有水分子的原始星云，类似于现在平均含水量 0.5% 的陨石。地球形成后，这些星云降落到地球上，使地球上有了水。

另一种学说则认为，在地球形成后才有了构成水的原始元素，即氢和氧。氢与氧在适宜的条件下化合，再经过复杂的变化，形成了水。

荷兰的天文学家奥尔特认为，地球上水的主要来源是我们这颗行星内部的岩石圈的上地幔。岩石圈的岩石在一定的温度和适宜的条件下（如火山爆发）脱水，从而形成了地球上的水。

美国学者肯尼迪等则认为，岩石在熔化中完全混合时，含有四分之三的硅酸盐，剩下的四分之一则都是水。在地球形成初期，火山爆发频繁，从而加快了地球水的形成。由于地球内部的高温，地球上的水还在增加。有资料表明，地球洋面近 1000 年内上升了 1.3 米。不过，近几十年内的海洋水面快速升高可能主要是全球气候变暖造成的。

水里有空气吗

水是一种液体，那么水里的生物是怎样在水中生存的呢？它们怎样呼吸呢？

　　水虽然是一种液体，但是可以溶解部分空气，这其中就包含生物呼吸所需要的主要原料——氧气。虽然氧气在水里的溶解度不高，但足够让水生生物们生存了。

　　如果仔细观察家中养的金鱼，你会发现，它们在游动时会吐出一连串细小的泡泡，这就是金鱼在呼吸。此外，对于一些大型的水生生物而言，单靠水中的氧气不足以完全满足它们的需求，所以需要隔一段时间到水面换气一次。例如鲸，它是终生生活在水中的哺乳动物，用肺呼吸。它的鼻孔生在头顶，并有开关自如的活瓣。当鲸浮出水面换气时，活瓣就会打开，同时鼻孔里喷出一片泡沫状的气雾。很多人以为这是一股水柱，其实这是它呼出的热空气，这些热空气接触到外界冷空气后就凝结成小水珠，从而形成了白色的雾柱。有时我们可以在海面上见到鲸呼气时喷出的一股股白色雾柱，最高可达 10 余米，状如喷泉，十分壮观。

▼ 水里有空气

小贴士

在天气闷热的时候，氧在水中的溶解度会下降。由于水供氧不足，鱼就会纷纷浮上水面呼吸，十分有趣。

烧开水时冒出的白色雾气是水蒸气吗

你见过家里烧开水吗？水烧开的时候，我们可以清楚地看到，水壶壶嘴附近有一股股白色的雾气冒出。那么，这白色的雾气就是我们所说的水蒸气吗？答案是否定的。

水蒸气是水的气态形式，是一种无色无味的气体。当水达到沸点时，就变成了水蒸气。即使没有达到沸点，水也可以缓慢地蒸发成水蒸气。而在气压极低的环境下，冰会直接变为水蒸气。物理化学中所谓的"蒸汽"就是将大量水汽化为水蒸气，用于加热、加湿、产生动力等。

水蒸气是一种无色无味的气体，是肉眼看不见的，那么我们在烧开水时看见的"白气"又是什么呢？

事实上，这种现象体现了水在气态与液态间转化的过程。烧水的时候，水受热沸腾，变成水蒸气从壶嘴逸出。然而壶嘴周围的空气温度显然比水壶的温度要低，于是水蒸气遇冷液化，凝结成细小的水珠飘浮在空中，这才形成了我们看见的"白气"。"白气"常常被误认为水蒸气，但它其实是液态水。

再举个例子，拿出一根雪糕仔细观察，是不是有奇妙的白色气体徐徐冒出，看起来就像是雪糕在冒烟一样？这是因为雪糕的温度比常温要低，附近空气中的水蒸气也就遇冷液化，形成了"白气"。除此之外，热气腾腾的饭菜冒出的热气、冬天从口中呼出的"白气"的形成也都是同样的原理。

如果进行更仔细的观察和比较，我们会发现雪糕冒出的"白气"向下沉，而热水冒出的"白气"是向上飘的。这是因为雪糕冒出的"白气"温度低，密度大，比较重，所以向下沉；热水冒出的"白气"温度高，密度小，较轻，所以向上浮。

▼ 蒸汽火车产生的白色雾气

为什么船可以浮在水面上

　　把一颗铁珠投入水中，这颗珠子一定会很快沉入水底；然而钢铁制造的船显然十分沉重，可它却能在水面上安然行驶。这是为什么呢？

　　要说明这个问题，我们可以做个试验。把一张薄铁皮放在水里，它立刻就沉下去了；如果把这张铁皮做成一个盒子，重量没有改变，它却能漂浮在水上。不仅如此，在盒子里再装一些东西，盒子也仅仅下沉一些，但仍能漂浮在水面上。这是因为，盒子的

▼　浮在水上的帆船

底面会受到来自水的竖直向上的浮力，只要浮力大于铁盒的重力，就能托住铁盒使它不会下沉。

轮船能浮在水上的道理也是一样的。古希腊的学者阿基米德曾经说："作用于水中物体上的浮力的大小等于物体所排开水的重量。"船所排开水的重量越大，船所受的浮力也越大。因此船只要一部分浸没在水中，排开水的体积在小于船体的条件下，船就能漂浮在水面上。同样的道理，空心的牙膏皮可以浮在水面上，把它卷成一团却会沉入水底。

那么，船所排开水的重量又是由什么决定的呢？显然这和船的体积与重量息息相关。船越大，或者装载的东西越多，吃水就越深，排开的水量也就越大。我们所听过的"曹冲称象"的故事，正是利用了这一原理。

云是怎样形成的

人们常常看到天空有时白云朵朵，有时万里无云，有时又是乌云密布。云究竟是怎样形成的呢？

飘浮在天空中的云彩是由许多细小的水滴或冰晶组成的，有的是由小水滴和小冰晶混合在一起组成的，有时也包含一些较大的雨滴及冰粒、雪粒，还有一些飘浮在空气中的粉尘等。

云主要是由水蒸气液化或凝华形成的。从地面向上十几千米的这层大气中，越靠近地面，温度越高，空气也越稠密；越往高空，

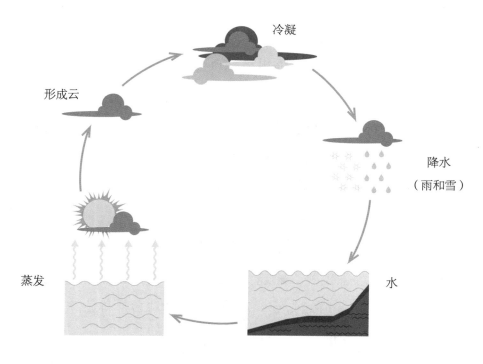

冷凝

形成云

降水
（雨和雪）

蒸发

水

▲ 水循环过程示意图

温度越低，空气也越稀薄。同时，江河湖海、土壤以及动植物体内所含的水分每时每刻都在蒸发中变成水蒸气。水蒸气进入大气后遇冷液化或者凝华，成云致雨，或凝聚为霜露，然后又返回地面，渗入土壤或流入江河湖海，此后再度蒸发（升华），而后再度凝结（凝华）下降。周而复始，循环不已。

　　水汽从蒸发表面进入低层大气后，由于这里的温度高，所容纳的水汽较多，如果这些湿热的空气被抬升，温度就会逐渐降低，到了一定高度，空气中的水汽就会达到饱和。如果空气继续被抬升，就会有多余的水汽析出。如果那里的温度高于 0 摄氏度，则多余的水汽就会凝结成小水滴；如果温度低于0摄氏度，则多余的水汽就凝华为小冰晶。当这些小水滴和小冰晶逐渐聚拢、增多并达到人眼能辨认的程度时，云也就形成了。

小贴士

　　白云和乌云都是由小水滴或小冰晶等组成的，但是，白云和乌云在含水量上有些差别。通常乌云的含水量比白云高，所以乌云不易透光，看上去颜色就会比较深。

雾是怎样形成的

　　清新而湿润的春日，清晨往往会起雾。有时它缥缈轻柔，只是薄薄一层；有时它又浓郁厚重，阻挡了人们的视线，汽车唯有慢慢行驶才能保证安全。那么，雾是怎么形成的呢？

　　雾是近地面空气中的水蒸气发生液化的现象。在水汽充足、大气层稳定并伴有一定微风的条件下，如果接近地面的空气冷却至一定程度，那么空气中的水蒸气就会凝结成细小的水滴悬浮于空中，使地面的水平能见度下降。凡是大气中因悬浮的水汽凝结，能见度低于1千米时，这种天气现象就被称为雾。雾的种类有很多，如辐射雾、平流雾、混合雾、蒸发雾和烟雾等。

▲ 充满迷雾的清晨

　　雾的形成需要两个基本条件，一是近地面空气中的水蒸气含量充沛，二是地面气温低。所以雾是可以通过人工制造的，也很容易受到人类活动的影响。在历史上，20 世纪初，英国伦敦曾被称为"雾都"。那是因为当时的伦敦受工业革命的影响，现代工业的发展使蒸汽机和内燃机大量投入使用，加上伦敦人大多用煤作为家用燃料，因而产生了大量烟雾。又因为本地潮湿的天气，就形成了伦敦著名的烟雾景象，"雾都"因此得名。

　　但是，工业烟雾对人体和自然环境都是十分有害的。1952 年，伦敦烟雾事件致使上万人死亡，政府这才开始重视工业烟雾的危害，并推行了一系列法案和措施，禁用产生浓烟的燃料，加强环境保护。现在，伦敦的空气质量已得到了明显改善。

雪是怎样形成的

云是由许多小水滴和小冰晶组成的，雨是由这些小水滴和小冰晶增长变大而成的，而雪的成因和雨有些类似。

在水云中，云滴都是小水滴，它们主要靠持续凝结和互相碰撞合并而增大成为雨滴。而冰云是由微小的冰晶组成的。这些小冰晶在相互碰撞时，冰晶表面会增热而有些融化，它们会互相粘合又重新冻结起来。这样重复多次，冰晶便增大了。另外，在云内也有水汽，所以冰晶也能靠凝华继续增大。但是，冰云一般都很高，而且也不厚，在那里水汽不多，凝华增长很慢，相互碰撞的机会也不多，所以不能增长到很大而形成降水。即使形成了降水，也往往在下降途中被蒸发掉，很少能落到地面上。

最有利于云滴增长的是混合云。混合云是由小冰晶和过冷却水滴共同组成的。当一团空气对于冰晶来说已经达到饱和的时候，对于水滴来说却还没有达到饱和。这时，云中的水汽受到凝华作用影响，而过冷却水滴却受到蒸发作用影响。于是，冰晶就会从过冷却水滴上"吸附"水汽。在这种情况下，冰晶会增长得很快。另外，过冷却水是很不稳定的，一碰它，它就会冻结起来。所以，在混合云里，当过冷却水滴和冰晶相碰撞的时候，就会冻结粘附在冰晶表面上，使冰晶迅速增大。当小冰晶增大到能够克服空气的阻力和浮力时，便落到地面上，这就是雪花了。

有的时候，虽然靠近地面的空气在 0 摄氏度以上，若是这层空气不厚，温度也不很高，就会使雪花还没有来得及完全融化就落到了地面，这叫作"降湿雪"或"雨雪并降"。这种现象在气象学里叫"雨夹雪"。

小贴士

冰雹和雨、雪一样，都是从云里"掉"下来的。冰雹云是由水滴、冰晶和雪花组成的，一般为三层：最下面一层温度在 0 摄氏度以上，由水滴组成；中间一层温度为 0 ~ 20 摄氏度，由过冷却水滴、冰晶和雪花组成；最上面一层温度在零下 20 摄氏度以下，基本上由冰晶和雪花组成。

▼ 变成雪花的小冰晶

瀑布是怎样形成的

在地理学上，瀑布指的是流动的河水突然近似垂直地从高空跌落。瀑布的成因其实很简单，一条河流翻过一个悬崖峭壁，就形成了一个瀑布。

瀑布的形成原因主要有三种。

第一种就像尼亚加拉瀑布，它是尼亚加拉河水翻过白云岩的岩壁，直落入下面的一个大水池里而形成的。翻滚的水流不休止地侵蚀页岩，淘空了白云岩的岩洞，一块块的白云岩崩落而下，

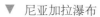

▼ 尼亚加拉瀑布

使得悬崖永远陡峭。

　　第二种形成原因是地壳的运动，如岩石的侵入作用。一大块熔化了的岩石从河道下面挤上来，随着时间的推移，慢慢地岩石硬化了，后来就在河道中形成了一堵屏障。美国的黄石瀑布就是这样形成的。

　　第三种是古代的冰川切入山谷之中，使两侧形成悬崖峭壁，瀑布由此生成。

　　此外，地球表面的运动使高原进一步加高，而河流就在它的边缘地带，这样就形成了高原上的瀑布。

　　很多名山大川中都有瀑布。中国比较有名的瀑布如贵州黄果树瀑布，宽 101 米，水从约 78 米高的断崖上跌冲而下，发出轰隆巨响，浪花四溅，水珠飞扬。世界上落差最大的瀑布可能是四川眉山市洪雅县瓦屋山境内的兰溪瀑布，它的瀑布总落差是 1055 米。

河流是怎样形成的

　　河流里的水是由降雨、雪山融化的水和地下水共同组成的。刚开始，河流可能只是雪山融化的雪水所形成的小河流，也可能是地面上涌出来的一股泉水，或是雨水所汇集的小溪。当水越聚越多，便开始向地势低的地方流动。而雨水也有一部分降落在河流里，另一些则渗入土壤里，形成地下水。有时，地下水会穿过岩石和土壤，慢慢渗入河流里。有时，湖泊中的水也会溢出湖泊

◀ 河流形成示意图

形成小溪汇入河流中。就这样，不断有雨水、雪水、地下水及小溪流等汇入，逐渐形成大河，大部分最终会流入海中。

从世界范围来看，河流的水主要来自降水、地下水或高山融雪，因此世界各地的河流主要以高山、高原地带为源头。例如，长江发源于唐古拉山脉，亚马孙河发源于安第斯山脉。河流通常是沿地势从源头往下流，直到流入大海或湖泊为止。所以河流的流向普遍是从地势高的地方流向地势低的地方，如中国的河流总体流向是自西向东。

小贴士

海上水循环：海洋水经蒸发被带到上空，再经降水过程返回海洋。它是大气降水的主体，约占降水总量的90%。

旋涡是怎样形成的

在许多耳熟能详的动画片里，我们都能看到水上的旋涡。它们打着旋儿出现在水面上，把船只吞没。那么，旋涡是怎样形成的呢？

旋涡的形成和地球的自转有关。地球自西向东自转。在北极，地球的自转方向表现为逆时针；在南极，地球的自转方向表现为顺时针。地球自转在地球不同的纬度处形成一种被称为"地转偏向力"的惯性力，它让地球上运动的物体获得保持原有运动方向

▼ 日本淡路岛附近海上的旋涡

的惯性。同一个运动的物体，在北半球会受到向右的地转偏向力，而在南半球会受到向左的地转偏向力。

现在再来看水流产生的旋涡。假如没有地转偏向力的话，那么水流将会沿着从中心出发的放射状线条流入，流入速度方向指向中心。例如在著名的赤道之国厄瓜多尔的赤道线上，水流就会垂直下降，而不形成旋涡。在北半球，水流受到向右的地转偏向力影响，所以水流速度方向指向中心偏右的位置，形成逆时针的旋涡。同理，在南半球形成顺时针旋涡。

如果你以为旋涡只存在于水中，那就大错特错了。旋涡是两股或两股以上方向、流速、温度等存在差异的能量（如气流、水流、电流、磁流、泥石流等）相互接触时互相吸引而缠绕在一起形成的螺旋状合流。所以有能量差异的地方就有形成旋涡的可能。

海浪是怎样形成的

就狭义角度而言，我们所说的海浪就是由风引起的波浪。海浪是海水的波动现象，它包括风浪、涌浪和近岸波。有时候无风的海面也会出现涌浪和近岸波，这大概就是人们所说"无风三尺浪"的证据，但实际上它们是由别处的海浪传播而来的。广义上的海浪，是在包括天体引力、海底地震、火山爆发、塌陷滑坡、大气压力变化和海水密度分布不均等外力和内力的作用下，形成

▲ 风浪　　　　　　　　　　　　　　　　　　　　　　　▼ 涌浪

的海啸、风暴潮和海洋内波等的现象。它们都会引起海水的巨大波动，是真正意义上的"无风三尺浪"。

从海面到海洋内部，处处都存在着波动。大洋中如果海面宽广、风速大、风向稳定、吹刮时间长，海浪必定很强，如南北半球西风带的洋面上，常常浪涛滚滚。赤道无风带和南北半球副热带无风带海域，虽然水面开阔，但因风力微弱，风向不定，海浪一般都很小。

从物理学的角度来讲，海浪是海面起伏形状的传播，是水质点离开平衡位置，做周期性振动，并向一定方向传播而形成的一种波动。海浪的能量沿着海浪传播的方向滚滚向前，因而，海浪实际上又是能量的波形传播。水质点的振动能形成动能，海浪起伏能产生势能，这两种能量累积起来，产生的能量是相当惊人的。在全球海洋中，风浪和涌浪的总能量相当于到达地球外侧的太阳能量的一半。

第二章

奇妙的
化学现象

　　化学无处不在。我们呼吸的空气含有大量的化学物质；我们所喝的水也机灵多变，时而是冰，时而是汽；我们的身体也由各种不同的化学物质组成，每时每刻都在上演着各种化学变化。

　　化学是一门不太枯燥的学科，我们身边有很多奇妙的化学现象。你知道樟脑球为什么会变小吗？烟火为什么绚丽多彩？化学还可以让我们的思维发散。你知道怎样让冰块着火吗？不用电源的电灯泡可以发亮吗？滴水可以生火吗？使用化学手段，我们就可以将不可能变成可能。接下来，让我们一起走进化学的神奇世界吧！

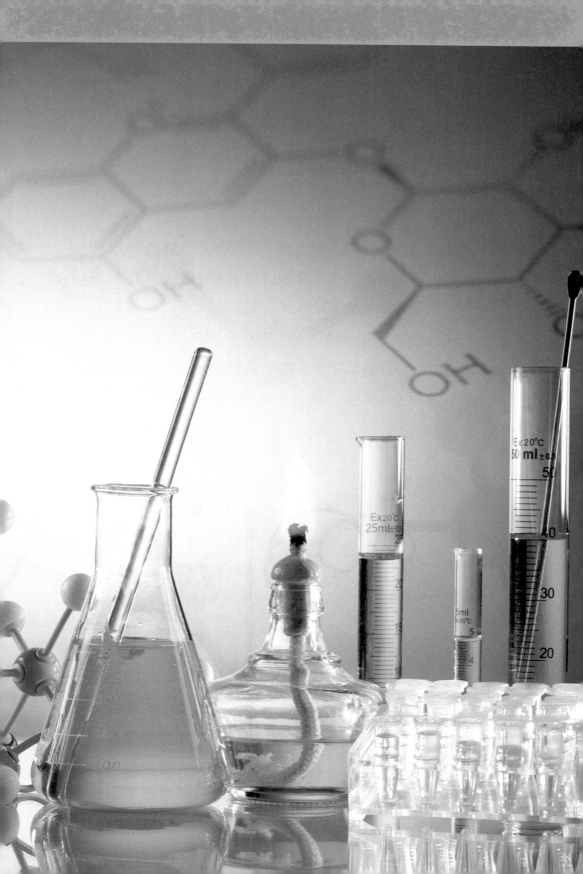

"化学"一词是怎么出现的

在远古时代，我们的祖先就会用熊熊烈火煅烧黏土，制造出各种陶器；会用矿石冶炼出金属；会用谷物酿造出美酒。这些都是化学，只是当时他们不知道这个词而已。

随着社会的发展，炼丹术以及医学得到了发展。在欧洲文艺复兴时期，chemistry（化学）这个词第一次出现了。当时的化学与炼丹、药剂息息相关。现在英文单词 chemist 还有两个意思：化学家和药剂师。

▼ 化学实验器材

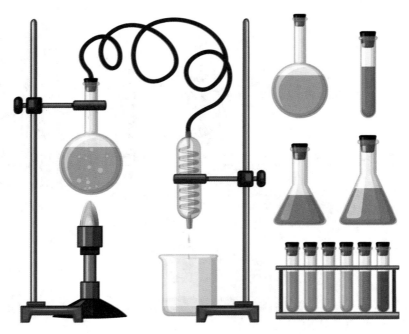

在"燃素说"以及拉瓦锡的"氧化学说"之后，化学慢慢发展至今，其中英国化学家道尔顿、意大利科学家阿伏伽德罗、俄国化学家门捷列夫等对于化学的发展起到了重要作用。

到了现在，化学不仅仅是一门基础学科，还与其他学科有很多相通的地方，形成物理化学、生物化学等交叉领域，为社会发展提供源源不断的动力。

元素是物质的"身份证"吗

元素是研究化学的重要载体，各种物质由不同的元素来标识。从这个角度来说，元素是物质的身份证，每种物质都有自己独一无二的元素标识。

迄今为止，一共发现了 118 种化学元素。其中，有一些元素是后来人们通过一些极端的物理化学方法人工合成的，但这些元素都不太稳定，并且具有放射性。

根据元素的化学性质，可以将元素分为金属、非金属、准金属和稀有气体等类别。其中金属元素所占的比例最大，大约占了四分之三。

某些人之间存在亲戚关系，是因为他们具有一定的血缘关系。在元素的大家庭里，有些元素之间也会有"亲戚"关系。如果元素原子的质子数相同，我们就把这种元素叫作相同元素，就如我们直系的兄弟姐妹一样，大家的基因大多相同。但是它们也会有

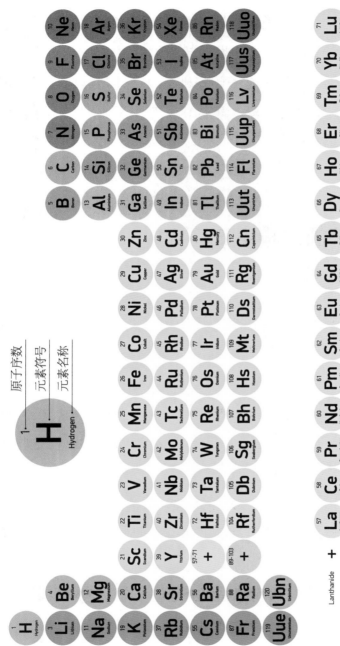

▲ 元素周期表

不同的地方，当元素原子中的质子数相同，而中子数不同时，我们称之为同位素。有些元素的化学性质类似，如 F、Cl、Br、I 等原子，它们之间单质或化合物的化学性质差别不大，就像我们大家族中的堂兄弟姐妹一样，我们就把它们归置到同一个家族——卤族元素中。

樟脑丸为什么会渐渐消失

细心的小朋友肯定会注意到妈妈会在衣柜里放置一些白色的小球球，如果你再好奇地问问妈妈：这些白色的小球球是什么啊？妈妈肯定会告诉你这就是樟脑丸，用这些樟脑丸能够防止衣柜里漂亮的衣服被虫子咬坏。但是再细心一点的小朋友会发现，等过了一段时间之后，衣柜里的樟脑丸会慢慢消失。这到底是为什么呢？固态的物质为什么会凭空消失呢？

其实呢，这是一个很常见的相变过程，这个相变叫作升华。升华的定义就是物质由固相态直接转变为气相态的相变过程。很多物质都能够发生升华现象，但是在常温常压下能够直接升华的物质不多，常见的有碘单质和干冰等。当然，前面所讲的樟脑丸也具有明显的升华现象。当把樟脑丸在衣柜里放置一段时间之后，白色的樟脑丸会慢慢地升华掉，丸的形状也在不断地变小，直到消失。樟脑丸在升华过程所产生的气味能够很好地保护衣柜里的衣服不被虫子咬坏。

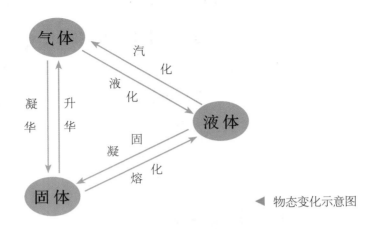

▲ 物态变化示意图

生活中常见的升华还有凉飕飕的冰块，我们常常可以看到冰点以下的冰窖冒着冷气，这些冷气就是水蒸气，并且是从固态的冰直接升华到气态的水蒸气。不知道你发现没有，冰窖里显得特别冷，其实这也是有一定道理的，因为水分子在升华过程中，需要吸收很多的热，因此，我们就会感觉到很冷啊。

烟火为什么绚丽多彩

在欢乐的节假日，我们经常会看到绚丽多彩的烟火。为什么烟火会五颜六色呢？

在弄明白这个问题之前，我们先来了解一个常见的化学反应——焰色反应。当把某些金属或者它们的化合物放在无色的火焰中灼烧时，火焰会呈现出一些特别的颜色，这种现象就叫作焰色反应。我们常常使用酒精喷灯或者煤气灯来进行焰色反应，因为一般情况下，这些灯所发出的火焰颜色很浅，接近于无色。

钠元素的焰色反应很容易观察到，将氯化钠放到无色的火焰中灼烧时，我们能够轻易地观察到黄色的火焰。

常见的钾元素也有焰色反应，当取一定的碳酸钾溶液在火上灼烧时，隔着蓝色的钴玻璃，我们会看到呈现紫色的火焰。隔着蓝色的钴玻璃是为了排除其他杂质元素对于紫色的干扰。

其他一些我们常见的元素，如锂元素的焰色反应的颜色为紫红色，钙元素的焰色反应的颜色为砖红色，钡元素的焰色反应的颜色为黄绿色，锶元素的焰色反应的颜色为洋红色。

这些元素能够发出各种各样颜色的光的原因在于当它们被灼烧时，就会吸收一定的能量，导致整体的能量有富余，富余的能量就以光的形式释放出来，就形成了各色的火焰。

▼ 焰色反应

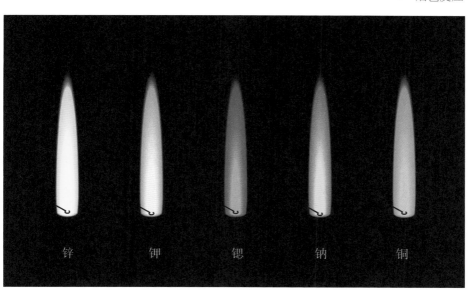

锌　　　钾　　　锶　　　钠　　　铜

小贴士

在烟火中添加各式各样的金属元素，当它们一起燃烧时，就会发出绚丽多彩的颜色。

路灯为什么发出橙黄色的光

如果细心观察的话，我们会发现路边的灯很多时候是发橙黄色的光。因为黄色的光是暖色光，比较温和，不会刺激我们的眼睛。你知道路灯为什么发出橙黄色的光吗？

在回答这个问题之前，我们先来了解一种元素——钠。钠属于碱金属大家族。纯的金属钠是银白色的，很软，用小刀就可以轻易地将钠金属切开。由于钠太活泼，因此，平时我们要将它储存在煤油或者液体石蜡中，才能减少金属钠与空气和水的化学作用。

当然，在历史上，得到纯的金属钠也是非常不容易的。1807年，著名的科学家戴维首次用电解氢氧化钠的方法，获得纯的金属钠。随着科技的发展以及对于金属纯度需求的提高，现在一般采用电解氯化钠的方法来生产金属钠。

金属钠的化学性质非常活泼，主要表现在与氧气、非金属和水等物质的反应上。金属钠与氧气的反应就很奇妙，在常温的条件下，金属钠会与氧气反应产生氧化钠 Na_2O；而在点燃的条件下，金属钠会与氧气反应产生过氧化钠 Na_2O_2，甚至超氧化钠 NaO_2。

钠元素也会发生焰色反应，钠离子在火焰燃烧过程中会发出黄色的光。利用这一点，我们也将钠应用到路灯中，在高压的条件下，钠会发出黄色的光，从而形成了常见的路灯——高压钠灯。

钻石其实和铅笔芯一样都是碳组成的吗

钻石和铅笔芯是我们身边容易见到的两件物品。钻石亮光闪闪，贵重无比；而铅笔芯看起来黑乎乎的，也相对比较廉价。如果说钻石和铅笔芯是由一样的元素组成的，你相信吗？

钻石是指经过琢磨的金刚石，而金刚石本质上就是一种单质碳。铅笔芯一般都由石墨制成，本质上也是一种单质碳。因此，说钻石和铅笔芯是由一样的元素组成的，这是对的。

虽然金刚石和石墨都是单质碳，但是它们却不是同一种物质，它们只是同素异形体，就如我们孪生兄弟姐妹一样，虽然都是爸爸妈妈的宝贝，但是也分别是独立的个人。造成金刚石和石墨区别这么大的原因主要在于碳原子的排列方式不同。在金刚石内，碳原子是以晶体的形式排列的，每一个碳原子与其他 4 个碳原子紧密连接，所以金刚石才会那么硬。其实也正是由于金刚石的硬度大，化学稳定性好，所以人们才会喜欢用它来代表永远。而石墨则是一种层状材料，每一个碳原子与 3 个碳原子相互连接，形

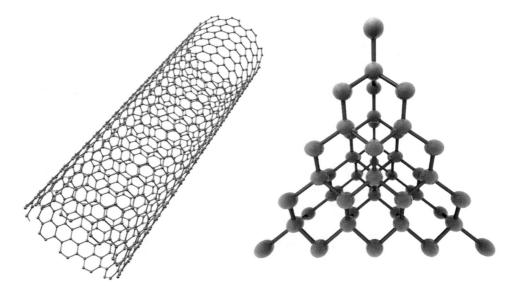

▲ 石墨的碳原子结构图   ▲ 金刚石的碳原子结构图

成一个层状的碳原子平面，不同平面之间再相互叠加，因此，石墨是一种非常软的物质，甚至还可以做润滑剂。

金刚石和石墨作为碳的单质，都具有单质碳的各种化学性质，如可以在氧气中燃烧，能够作为还原剂等。当然，在特定的化学条件下，金刚石和石墨还可以相互转换呢。

煤气中毒的罪魁祸首是什么

煤气中毒经常让很多幸福的家庭跌入深渊，那么煤气中毒的元凶是谁呢?

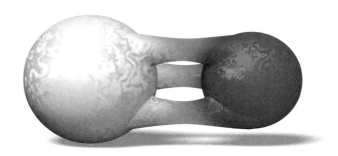

▲ 一氧化碳分子结构图

元凶是一种常见的化学物质——一氧化碳。一氧化碳经常悄无声息地害人，这是由于它是一种无色、无味且无刺激性的气体，密度为 1.25 克 / 升，比空气略小，并且不溶于水。因此，一旦一氧化碳混入空气中，就会对我们人体进行攻击，且在前期不易察觉。

一氧化碳的攻击非常具有隐蔽性，当其进入人体后，才开始大展手脚。它先把血液中的氧气打退，直接和血红蛋白结合，当血红蛋白不能和氧气结合后，人体就会缺氧，慢慢地，整个人就会窒息而亡。

当碰到有人一氧化碳中毒（煤气中毒）时，我们应该怎么办呢？首先要将门窗打开，让新鲜的空气进来，稀释一氧化碳，注意，由于一氧化碳具有可燃性，不要轻易触碰家电等物体，防止爆炸。然后将中毒的人移到通风的地方，并对患者进行适当的紧急处理，如人工呼吸等，然后叫救护车。

除了煤气会泄漏一氧化碳，二氧化碳和碳在高温下反应也会生出一氧化碳。虽然一氧化碳是个"大坏蛋"，但是由于它具有很强的还原性，我们也可以将其应用到冶金工业上面。

人的头发含有哪些元素

一头乌黑靓丽的秀发是很多爱美人士的追求，而你是否知道有关头发的化学知识呢？

人的头发其实是一种不透明的角质层，别看头发很细，但是角质层里面却含有 30 多种重要的微量元素。一般而言，健康人的头发里，每 1 克约有 130 微克的铁元素、167 ~ 172 微克的锌元素、5 微克的铝元素、19 微克的铅元素，还有 7 微克的硼元素，等等。

有科学研究表明，头发的颜色还与化学元素息息相关。黑色头发里铜、铁和黑色素的含量相当；当镍元素的含量增大时，头发会慢慢变成灰白色；而当头发内含有钛元素时，头发会变成金黄色；当含有钼元素时，头发可能会变成红褐色；当含有钴元素时，头发可能是红棕色；当铜的含量较多的时候，头发可能是绿色。如果我们想要一头乌黑的秀发，可能就需要黑色素的含量多一些，密度大一些；反之，头发就会很容易呈现其他的颜色，特别是在太阳光下面，头发会由于微量元素相对含量较多而呈现各种光泽。

除了微量元素，头发里还含有大量的角质蛋白，在这些蛋白里，我们可以找到多达 18 种氨基酸，你没想到头发这么具有"营养"吧。

▲ 头发的颜色由化学元素决定

其实，头发也与人体的健康息息相关，我们要注意合理饮食，加强营养的吸收，才会头发棒棒，身体棒棒。

白糖怎样变"黑糖"

白糖，甜甜的、白白的，如冬天里的雪，是我们经常食用的物质。但是，你知道如何将白糖变"黑糖"吗？

其实很简单，不用一分钟，只要加入一点点东西，白糖就会变成"黑糖"。如果你不信，那你就按照我所说的试试吧。在一个 200 毫升的容器中放置 5 克左右的白糖，再滴入几滴浓硫酸，注意，离容器远一点，不要害怕。顿时，白糖就会变成一堆"黑糖"，并且这一堆黑糖在不断地膨胀，体积越来越大，甚至很有可能流出容器外，在变化过程中还伴随着刺刺的声音，容器表面还不断地冒着热气。

41

白糖真的能够变成"黑糖"，不过你知道其中的奥妙在哪里吗？其中的奥妙在于白糖和浓硫酸发生了奇妙的化学反应，这种反应叫作"脱水"反应。浓硫酸有个很奇怪的爱好，特别喜欢水，喜欢到什么程度呢？只要有水，它就会把水吸收过来。例如空气中有一些水蒸气，只要将其通入浓硫酸中，这些水蒸气就会被浓硫酸吸收；一些化合物虽然不含水，但是可以分解为水，浓硫酸由于太爱吸收水，会把其中的水分子夺走。白糖就是这么一种可怜的化合物，它的分子式是 $C_{12}H_{22}O_{11}$，当加入浓硫酸时，白糖中的水就会被夺走，最后只剩下黑黑的炭，所以白糖会变成"黑糖"。而由于浓硫酸还能与碳反应，生成气体，因此，"黑糖"会不断

▼　白糖在浓硫酸的作用下发生脱水反应

地膨胀；同时，由于整个过程在不断地放热，因此会有热气冒出，还会发出刺刺的声音。

怎样让信上的字保密

每个人都有一些小秘密，在一些特殊的情况下，出于保密的要求，我们也需要将信上的字保密起来，只有在特殊的密码下才能打开。你知道这个密码是什么吗？

其实利用化学的武器，我们就能实现写密信。

我们可以取一张白纸，用酚酞试剂作为墨水，在纸上写信，等字迹晾干后，该白纸依旧什么字迹都没有。当我们想阅读这封"无字信"时，将该信放在盛有浓氨水的试剂瓶口熏一熏，白纸顿时就会显示出红色的字迹。最神奇的是，当我们想再让该信回归到隐秘的状态时，只要将有红色字迹的信放在通风处，稍等一会儿又变成什么字迹都没有了。这个过程可以重复好几次呢。

除了酚酞试剂，我们还可以用蘸上稀淀粉溶液的笔在白纸上写字，当溶液挥发后，字迹就消失了，但是当用碘水涂抹时，白纸就会显出蓝紫色字迹，当把信放在火上烘烤时，蓝紫色的字迹又会褪去，纸上又什么都没有了。

这两种让信保密的方法是什么原理呢？其中的奥妙在于选择一种无色的液体在白纸上写字，晾干后就看不到任何字迹了，而当再使用一种能够与无色液体相互作用且能显示出一定颜色的试

◀ 酚酞与浓氨水反应，
变成红色

剂来处理，就能显示信上所写的字迹了。以上两个小实验也利用了这种原理，无色的酚酞遇到氨水就会变红色，而淀粉遇到碘会变成蓝紫色。

怎样让冰块着火呢

　　冰块，大家都很熟悉，凉凉滑滑的，它的主要成分是水，而水是可以用来灭火的，不过，用化学的手段，却可以让冰块着火。

　　不信，我们可以来尝试做做这个实验。首先我们取来一块冰，大小适中，放在反应器皿中，然后再在冰块的中央放置一块指甲大小的电石，接着稍等半分钟，我们就可以用燃着的木条移到电

▲　电石

石的上方，顿时可见冰块着火了，还冒着浓浓的黑烟呢。

冰块到底是怎样着火的呢？其实啊，这里面也有一些很重要的化学反应，电石的主要成分是碳化钙（CaC_2），这种碳的无机化合物与水接触时，就会发生剧烈的化学反应，生成乙炔气体和氢氧化钙，化学方程式如下：

$$CaC_2+2H_2O=Ca(OH)_2+C_2H_2 \uparrow$$

而乙炔气体（$C_2H_2 \uparrow$）是一种非常容易燃烧的有机物，它在空气中极易燃烧，生成二氧化碳和水。因此，当我们将点燃的小木条移到电石的上方时，乙炔就被点燃了，整体看来，冰就像是着火了一样。

不过在做实验的时候，我们需要戴着口罩，不要直接吸入气体，这是因为电石一般都不太纯，其中经常含有砷化钙或者磷化钙等杂质，这些杂质与水反应的时候，也会放出气体，其中包括砷化氢和磷化氢等有毒的物质，一旦吸入，对人体有颇多危害。

明矾能让浑水变清水吗

明矾是我们很熟悉的一种物质，也有人管它叫白矾、钾矾，它的化学名称叫十二水硫酸铝钾，化学式为 $KAl(SO_4)_2 \cdot 12H_2O$。钾离子、铝离子和硫酸根都是我们常见的离子，它们形成的化合物明矾真的能够让浑水变清水吗？

事实胜于雄辩，我们可以来做一个小实验，往一杯浑浊的水中撒入一些粉末状的明矾。10 分钟后再来看看，杯中的浑浊物全部被明矾抓到杯底了，杯中的水变得清澈透明。看样子明矾真的能够让浑水变清水，那这是为什么呢？

有人会说是不是浑浊物自己由于重力作用沉到杯底呢？其实我们可以做一个对照小实验，一个加入明矾，一个不加入明矾。10 分钟后再来观察，很明显，加入明矾的杯子水变清了，而没有加入明矾的杯中水浑浊依旧。由此可见确实是明矾的作用。

其实水中的浑浊物有个特点，喜欢把水中一些游荡的离子拉到自己身边，特别是负离子。而明矾中的硫酸铝很容易和水

▲ 明矾

作用生成白色的絮状氢氧化铝沉淀，这个过程也叫作铝离子的水解。水解后的氢氧化铝带正电，当氢氧化铝和带负电的浑浊物相遇时，它们会马上拥抱在一起，并且由于拥抱在一起的氢氧化铝和浑浊物越来越多，它们就会全部沉到杯底，而水就变得清澈了。

怎样自制汽水

汽水，是很多人的最爱，但是可能很多人都会觉得汽水的制作方法很神秘，不像泡茶那样简单直接。其实呢，我们自己也能够制作汽水，并且还很简单呢。

▲ 普通的水和加了小苏打的水

　　首先我们要准备一个容器，这个容器最好是一个 500 毫升的瓶子，并且很坚固，还有密封的盖子。接着就是往瓶子里加入东西了，为了能够让汽水甜一点，我们可以多加入一些糖，如果我们想喝各种口味的汽水，还可以在其中加入果汁，然后再往瓶子里倒入冷开水。注意，不要倒得太满哦，最好留 10 毫升左右的空隙。这时，再往其中加入 1.8 克左右的小苏打，最后放入 1.8 克左右的柠檬酸（柠檬酸也可以替换成酒石酸），然后用塞子塞紧瓶口，如果瓶子不够紧，可以用细绳或铝丝把塞子扎紧。这时，轻轻地摇动瓶子内的溶液，我们可以看到在瓶子里面产生了大量的气泡，不停地上下翻滚，等半个小时后，我们自制的汽水就好了。

　　为什么加入小苏打和柠檬酸就可以自制汽水呢？原来它们之

间也会发生化学反应：小苏打的化学名叫作碳酸氢钠，当碳酸氢钠遇到柠檬酸的时候，就会发生化学反应，生成柠檬酸钠、水和二氧化碳气体。由于瓶子是紧闭的，在这种压力下，二氧化碳气体会溶解到水中，从而降低了瓶子的压力，但是当我们打开瓶子品尝汽水的时候，压力恢复到正常，摄入体内的二氧化碳就会又变成气体跑出来，并从口腔中排出，这个过程会把人体内的热量带走，因此，我们会觉得很凉爽。

小木炭可以跳舞吗

我们见过很多人能歌善舞，其实通过化学的手段，我们也可以让平时静止不动的小木炭欢快地舞动起来。

我们先取一支大小适中的试管，在里面装入适量的硝酸钾粉末，然后将该试管固定在铁架台上，并用酒精灯加热。当硝酸钾慢慢熔化后，取一块黄豆大小的木炭，轻轻放入试管中，随着酒精灯的继续加热，我们就可以观察到小木炭一会儿在试管内跳跃起来，不一会儿又降下去，并不时地翻转着，活生生的就如一名舞者。在跳舞的过程中，木炭还会发出灼热的红光，很是"娇羞"。

木炭为什么会跳舞呢？

原来木炭跳舞的秘诀在于试管里的硝酸钾。硝酸钾在加热熔化的过程中，会不断地释放出氧气，而当小木炭加入不断加热的试管中时，马上就会达到其燃点，硝酸钾分解所释放出来的氧气就会和小木炭发生反应，生成二氧化碳。由于气体比较顽皮，会把小木炭顶起来，就如小木炭在试管内跳跃一样。而当小木炭完全跳跃起来后，就与氧气隔绝了，不能产生让其跳跃的二氧化碳了，这不，小木炭在重力的作用下又会回到试管底部。当又接触到氧气，并且温度也达到了燃点时，又会产生二氧化碳，再次将木炭顶起来。如此循环，木炭就开始不停地舞动起来了。

你会提取指纹痕迹吗

指纹是我们每个人独一无二的"身份证"，警察叔叔也经常用指纹来核查每个人的身份，不过他们的方法比较复杂。你知道吗？利用化学的方法，我们也能提取到指纹的痕迹哦。

在指纹检查的小实验中，我们需要准备如下的实验用品：试管、橡胶塞、药匙、酒精灯、剪刀、白纸和碘。

准备好这些实验用品之后，我们就可以开始指纹检查了。

第一步：我们将干净、光滑的白纸，剪成长约 4 厘米、宽不超过试管直径的纸条，然后用手指在纸条上用力摁几个手印。注意，我们的手不需要特别地洗干净哦。

第二步：先用药匙取出约芝麻粒大小的一粒碘，放入试管中。再将纸条悬于试管中，请注意纸条上摁有手印的一面不要贴在试管壁上，然后用橡胶塞塞上试管。

第三步：把装有碘的试管在酒精灯火焰上方微热一下，待产生碘蒸气后立即停止加热，这时我们就可以观察到纸条上的指纹印迹。

为什么通过这种方法我们能够看到指纹呢？这是由于碘的沸点非常低，不像其他固体物质那样稳定，固体碘在受热时会升华变成碘蒸气。而碘蒸气可以溶解在手指上的油脂等分泌物当中，并最终形成棕色的指纹印迹。

你可以来尝试做做这个实验，看看自己的指纹是什么样的吧。

滴水可以生火吗

平时我们生火都是用火柴或者打火机等火源，不过通过化学的方法，滴水也是可以生火的。

这个趣味小实验很简单，用脱脂棉包住 0.2 克的过氧化钠（Na_2O_2）粉末，再将该棉放在石棉网上，只要朝脱脂棉上滴几滴水，我们就可以发现，脱脂棉燃烧起来了。通过滴水就实现了生火。

这个实验看起来简单，不过为了保证实验能够成功，还是有很多需要注意的。首先脱脂棉最好是干燥的，如果棉花摸起来湿湿的，就最好放到太阳底下晒晒。当然，棉花的使用量也不能太少，最好将过氧化钠裹得严严实实的。还有一点非常重要，就是滴水的地方，我们不能滴在外面的棉花上，而是要滴在药品上。大家也不用担心棉花会马上点燃，一般来说，滴完水过几秒钟之后才会着火。

为什么滴水也能着火呢？这其实与燃烧的条件有关。燃烧有三个条件：可燃物、氧气以及着火点。脱脂棉就是可燃物，我们在空气中做这个实验，肯定有氧气，现在三个条件就只缺着火点了。过氧化钠和水会发生剧烈的化学反应，会生成氢氧化钠和氧气，在这个化学反应过程中，还会放出大量的热。这些热量足以使温度升高至脱脂棉的着火点以上。因此，当滴入水的时候，脱脂棉就会发生燃烧。

怎样探查番茄的秘密

番茄是我们生活中常见的蔬菜，也有很多人喜欢番茄汁，酸酸的，很合胃口。不过你可别小瞧番茄，它身上藏着很多小秘密，让我们用化学实验来探查番茄的秘密吧。

第一个秘密就是神秘的番茄汁：首先我们用毛笔蘸取适量番茄汁在白色的纸张上面写字或者画画，接着让纸上的字迹或者图画自然干燥，这个时候在白纸上我们几乎看不出任何的痕迹。不过当我们将这张纸放在火上稍微地烘烤一下的话，眼前就会呈现出一幅奇妙的景象，焦黄色的字迹或者图画就会显现在白纸上面。为什么番茄汁会这么神奇呢？其主要的奥妙在于番茄汁的成分。番茄汁里含有有机酸，而纸的主要成分是纤维素，番茄汁中的有

◀ 番茄电池

机酸和纤维素反应生成了酯，一般来说酯的燃点较低。因此，涂有番茄汁的纸就会被火烤焦变黄，就能显出字迹或图画。

第二个秘密是我们可以利用番茄来制作番茄电池：首先准备一个半熟的番茄，然后在这个番茄上分别插上一根铜棒和一根铁棒，两者之间要隔开一定的距离，接着再用一根导线把铜棒和铁棒与一个电流表连接起来。这时我们会观察到什么现象？电流表里的指针竟然发生了偏转。番茄电池的原理在于番茄汁的酸性，由于氢离子的存在，铜棒和铁棒就分别相当于电池的正负极。因此，当使用电流表来测试的时候，电流表就会发生偏转，说明有电流产生。

能够让我们的胃变得有点酸的是什么

如果有过反胃经历的朋友就会知道，我们的胃液是酸酸的，这种酸酸的物质是什么呢？通过科学研究发现，胃液里含有胃酸，而胃酸的主要成分是盐酸。胃酸对于我们人体的消化有重要作用。当胃酸过少的时候，可能会产生胃胀等消化不良的症状；而当胃酸过多的时候，就会引起胃的炎症，甚至是胃溃疡。为了更好地了解胃液，我们需要深刻地认识盐酸。

盐酸是我们在化学领域常见的一种无机强酸。从氢离子的数量来说，盐酸是一种一元酸。我们平时也会把盐酸叫作氢氯酸。盐酸是无色的液体，不过工业上的盐酸一般是黄色的，这是由于其含有三价铁杂质的缘故。盐酸最具有特色的物理性质就是挥发性，当打开浓盐酸的瓶盖时，在其上方就会看到有酸雾的形成。

盐酸的化学性质非常活泼。当它遇到紫色的石蕊试纸的时候，试纸就会变红。盐酸作为典型的酸，可以与碱、活泼金属单质、金属氧化物反应，如盐酸和氢氧化钠发生中和反应生成氯化钠和水，盐酸也可以与锌反应制备氢气和氯化锌，盐酸还可以与氧化铜反应生成氯化铜和水。由于盐酸是强酸，因此它可以与弱酸盐反应，生成相应的氯化物和弱酸，如盐酸可以与碳酸氢钠反应生成氯化钠、二氧化碳和水；并且由于氯离子的存在，盐酸也可以与银离子反应生成氯化银沉淀。

石灰能煮熟鸡蛋吗

　　当我们在翻修校舍的时候，会用到一种建筑材料——石灰。这种材料就如平时漂亮女孩子抹在脸上的白色粉底一样，能够让我们的房屋变得雪白纯净。但是也就是这些石灰，让两个小伙伴发生了争执，小明认为石灰能够煮熟鸡蛋，而小红表示很难相信。石灰真的能煮鸡蛋吗？小红觉得石灰到处都是，怎么可能煮熟鸡蛋呢？为了减少争吵，小明拉起他的小伙伴来到工地，还带了一个鸡蛋。工地上有一个大的石灰堆，当工人师傅将水加入生石灰中，石灰堆就会不断地冒气，把鸡蛋埋在石灰堆后没多久，两个小伙伴就听到了"啪"的一声，鸡蛋爆炸了。这时，小明对小

▼ 石灰石

红说："你看吧，鸡蛋完全熟透了。"不过当小红要小明解释一下这是为什么的时候，小明答不上来了。

到底为什么石灰能煮熟鸡蛋呢？其中的奥妙在于往生石灰中加水。石灰有两种，一种是生石灰，另外一种是熟石灰。生石灰，化学名称叫作氧化钙，化学式为 CaO；而熟石灰的化学名称叫作氢氧化钙，化学式为 $Ca(OH)_2$。当往生石灰中加入水时，氧化钙会和水发生激烈的化学反应，产生熟石灰氢氧化钙。而这个化学反应是个放热反应，所以我们就看到有气冒出，并且鸡蛋也会被这热量煮熟。

不用电源的电灯泡可以发亮吗

停电时，电灯泡是不亮的。真的有不用电源就可以发亮的电灯泡吗？

其实这不需要魔术，通过简单的化学实验就能实现。不过这个电灯泡不是普通的电灯泡，在这个灯泡里需要装入两种化学物质：镁条和浓硫酸。当然，这个灯泡内部也有一些特别，不能完全真空，而是有空气。当这几种物质加入电灯泡中，就会发出耀眼的亮光，并且这亮光非常明亮，能够将整个黑夜照亮。

为什么混合这几种物质后，电灯泡可以不用电源就发亮呢？这与浓硫酸的另外一个爱好息息相关。前面讲过，浓硫酸有个喜欢吸收水的爱好，其实，浓硫酸还喜欢氧化其他物质。镁条就是

▲　燃烧的镁条

一个容易被浓硫酸氧化的物质，只要二者一相逢，就会发生激烈的反应，生成硫酸镁、二氧化硫和水。

　　由于这个反应太激烈了，在反应过程中会放出大量的热量，在小小的灯泡集聚，导致其温度骤然上升，很快就能达到镁条的燃点，只要在有空气的条件下，镁条就会剧烈燃烧，发出耀眼的白光，就如平时我们使用的白炽灯一样。这样，不需要用电，电灯泡也能发亮。

第三章

生活中的趣味物理

有了物理，人们得到了真知；有了物理，人们能"上天入海"；有了物理，明天的生活更美好。奇妙的物理现象是学生学习物理的启蒙课。

你是不是有想要探秘未知事物的好奇心，对无限神奇的世界充满了巨大的兴趣？来吧！物理世界的大门将向你打开，展示一个五彩缤纷、充满神奇的世界。

什么是物理

简单地说，物理指物质的内在规律和基本结构。

物理学是最古老的学科之一。在过去两千多年里，物理学与其他学科（如天文学）一样都曾归属于自然哲学。物理学不断地发展，到16～17世纪第一次科学革命之后，它才成为一门独立的基本学科。想要了解物理，就要知道物理到底研究和创造了什么，从而知道事物的规律，并且使我们生活得更美好。

一方面，物理学的研究中，物理学者通常会对一些自然现象与一些规律性的东西提出假说，如果这些假说能够被大量的实验证明，则可以归纳为物理定律。例如，牛顿被树上落下的苹果给砸中了，他产生了疑问：为什么苹果会往下掉，而不会往天上飞呢？于是他通过大量实验检验，归纳总结得出了万有引力定律。

另一方面，物理对人类的贡献也极其显著。电灯、电话、电视都是物理学发明的成果。例如，美国人莱特兄弟因为对天空有着无限的向往，渴望像鸟儿一样自由自在地飞翔，于是他们就对如何飞翔进行了一系列的研究与实验。1903年12月17日，莱特兄弟研制的第一架飞机在美国试飞成功，才有了我们现在能翱翔蓝天的各种飞机。

你了解什么是物理了吗？那快拿上"物理魔法棒"去发现世界万物的奇妙吧！

物理是怎么诞生的

　　自人类诞生起就对世界充满着各种各样的好奇，之后人类为了生存，发现了火并学会钻木取火，为了盛放水制作了陶器，这都是早期应用于生存的物理。

　　人们普遍认为物理起源于哲学。早在公元前 4 世纪，古希腊哲学家亚里士多德和柏拉图等人就开始思考物理方面的问题了。例如，亚里士多德认为各类物体只有在一个不断作用着的推动者

▼　力是改变物体运动状态的原因

的直接接触下，才能够保持运动状态。他认为力是物体保持运动的原因。后来，英国物理学家牛顿指出了亚里士多德这一观点的谬误，并指出了"力不是保持物体运动的直接原因，它只能改变物体的运动状态"。

亚里士多德之后，人们尝试去了解大自然奥秘的脚步从未停止过。为什么物体会向地面掉落？不同的物质为什么会具有不同的性质？诸如此类的问题。对于宇宙的性质，比如地球、太阳及月球这些星体究竟是遵循着怎样的规律在运动，又是什么力量左右着这些规律这样的一些问题，人们尝试提出了各种理论，试图解释宇宙的规律，尽管其中大多数理论都不正确。但是这种探索精神值得称道，并且由此开始，人们对物理的正式研究即对天文物理的研究拉开了帷幕。

为什么说一个巴掌拍不响

我们有时会听到这句话："一个巴掌拍不响。"这句话也蕴含了一些物理小知识。

从字面上来理解，如果我们只用一只手，是没有办法拍出声音的。我们随时随地都可以用自己的一只手做一个实验，只要你的手不碰到其他的东西，只是在空中挥来挥去，一定不会发出响声，这样简单的小实验就证明了那句话的正确性。

这个现象可以用物理知识来解释。当双手拍出声响时，一定

▲ 击掌

是两个手掌之间的空气发生了振动，也就是说我们的手快速挤压空气，使空气发生了急速的振动。击掌时不仅仅空气受到了力的作用，我们两个手掌也同时受到了力的作用。物理学中，力是一个物体对另一个物体的作用。并且两个物体所受到的力的作用是相互的，使力产生的一方叫作施力物体，另外一方叫作受力物体。如果巴掌拍响了，一定是两个手掌发生了相互的作用。

　　通过解释，你们有没有对这个俗语有了更深一层的了解呢？其实我们生活中听到的好多俗语都蕴含着丰富的物理知识。比如：人往高处走，水往低处流；小小秤砣压千斤……分享给身边的同学吧，看看他们都能说出一些什么样的物理知识。

为什么肥皂泡先上升后下降

　　日常生活中，大家都玩过吹肥皂泡的游戏。当一个个可爱的肥皂泡从吸管口冒出来，在阳光的照射下显现出美丽色彩的时候，你有没有观察过肥皂泡是如何在空中飘的呢？

　　肥皂泡在空中通常是先向上飘，然后再向下落。这是为什么呢？

　　其实这里面包含着丰富的力学知识。我们吹出的气体温度是相对较高的。在开始的时候，肥皂泡里充满了热气体，肥皂膜将

▼ 肥皂泡

它与外面的空气隔离开来，肥皂泡里面气体的温度高于肥皂泡外面空气的温度。温度高的气体密度比温度低的空气密度小，也就是说，肥皂泡里气体的密度小于外部空气的密度。此时肥皂泡受到的浮力大于它受到的重力，因此它会上升。

在肥皂泡不断上升的过程中，肥皂泡中的气体温度下降，又由于热胀冷缩的原因，肥皂泡体积会慢慢地变小，肥皂泡受到的外界空气的浮力也会慢慢地变小，而其受到的重力不变，这样，当重力大于浮力时，肥皂泡就会下降。

明白这些原理以后，同样的道理，我们也就很容易知道为什么氢气球松手后会飞向天空。这是因为气球里充的是氢气，氢气的密度很小，要远小于空气的密度。因此当气球中充满氢气时，气球所受到的浮力要大于它的重力和空气的阻力，所以当我们放开手中的氢气球时，氢气球会飞向天空。

坐电梯为什么会有头晕的感觉

现在城市里的高楼越来越多了，我们经常要坐升降电梯。大家可能也发现了，我们在坐电梯的时候会有头晕的感觉。这究竟是为什么呢？难道电梯有什么特别的"法术"吗？现在让我们来揭开这个谜底吧！

我们乘坐电梯上升的过程可以分为三个阶段：加速、匀速、减速。刚开始电梯是处于静止状态的，因为电梯要上升，所以电

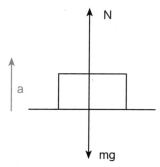

超重：N−mg=ma,N=mg+ma ＞ mg

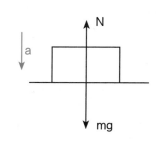

失重：mg−N=ma,N=mg−ma ＜ mg

▲ 超重和失重示意图

梯的速度必须由原来的零速度开始增加。当电梯的速度增大到一定值后，电梯就会匀速上升。一段时间后，电梯再进行减速，最终达到静止状态。这个时候乘客就可以下电梯了。我们经常头晕是因为电梯在不断地加速和减速。在物理学中，有两个专门的名词来描述这两个阶段：超重和失重。什么是超重和失重呢？就拿我们坐电梯来说吧。我们加速上升的时候，电梯对我们的支持力大于我们自己的重力，这就是超重。而当我们减速上升的时候，电梯对我们的支持力小于我们自己的重力，这就是失重。相同的道理，当我们乘坐的电梯下降的时候，加速下降就是失重，减速下降就是超重。我们之所以会有头晕的感觉，就是因为电梯速度在不断改变。

而对于不同体质的人来说，对这种头晕的敏感程度是不一样的。有些人内耳的平衡功能过于敏感，所以头晕的感觉就会强烈一些。

为什么不能从高楼向下扔钥匙

　　你也许看到过有人从楼上往下扔钥匙的情景，这么做有很大的安全隐患。这究竟有什么危险呢？让我们一起用力学知识来分析一下吧！

　　假设我们是从 12 楼往下面扔钥匙，距地面的高度大约是 40 米。根据相关的公式，可以计算出钥匙掉在地上的速度大概是 30 米 / 秒，即 108 千米 / 小时。再假设，接到从楼上扔下来的钥匙

◀ 同一质量小球在真空（左）和空气（右）中下降速度是不同的

时，钥匙与我们手接触的时间是 0.1 秒，钥匙的质量是 0.2 千克，那么根据相关公式可以得到：钥匙对人手臂的冲力为 60 牛顿。也就是说，接钥匙时相当于手臂瞬间接到了一个质量为 6 千克的物体，这对于正常人的身体是有一定威胁的。物体所在的高度越高，质量越大，冲力越大。

曾经有媒体报道：有人从高楼往下扔钥匙，钥匙把楼下接钥匙者的手掌击穿了！由此可见，从高楼向下扔钥匙是一件多么危险的事。另外，我们也会看到有人从高楼往下丢垃圾，这不仅是不文明的表现，而且存在很大的安全隐患。

一只小鸟会毁坏一架飞机吗

如果一只小鸟和一架飞机以相反的方向飞行，那么当小鸟撞上飞机时，会导致飞机坠毁。这不是危言耸听，而是发生过的事实。为什么小小的一只鸟会有这么大的力量呢？

在物理学中是存在相对运动的。当小鸟和飞机以相反的方向飞行的时候，小鸟的速度很小，但是飞机的速度却很大。所以对于飞机本身来说，小鸟的相对速度也就会很大，它们之间撞击的力量是不可估量的。所以一只小鸟撞毁一架飞机并不是一件困难的事。

我们可以通过一些具体数字来感受一下小鸟的"威力"。

一只小鸟的体重是 0.45 千克，在飞行的过程中撞上了时速为 80 千米的飞机，瞬间就会产生强大的力的作用，这个力高达

1500 牛顿。当飞机的速度增大 12 倍，时速为 960 千米时，力的作用就会增大 144 倍，达到 216000 牛顿。如果一只体形比较大的鸟撞上了飞行速度很快的飞机，产生的冲击力不亚于一颗炮弹！这在航空史上已是屡见不鲜的事实。因而机场附近以及飞行员在飞行过程中都会特别注意避开小鸟。

瞬间的碰撞会产生巨大冲击力的事例，不只是发生在鸟类与飞机之间。一只 1.5 千克重的正在奔跑的小狗与时速 54 千米的汽车相撞，可以产生约 2800 牛顿的力。这样的力度，完全可以使一个人受重伤，甚至死亡。所以父母会经常嘱咐我们不要向疾速行驶的车辆扔小石子，这是极其危险的。

坐在汽车后排为什么比坐在前排要更颠

大家一定会有这样的感受：坐在汽车的后排要比坐在汽车的前排更容易晕车。这是什么原因呢？因为后排要比前排更颠一些，这种幅度的颠簸更容易使我们产生眩晕的感觉。可是你们知道为什么汽车的后排要比前排更颠吗？难道这是我们的心理作用吗？

汽车作为一种交通工具，安全才是最重要的。为了尽可能增大汽车的安全性，汽车的重心往往要靠近后轮。汽车在路面上行驶时，前后轮接触的地面基本是一样的，重力越大摩擦力就会越大。汽车后轮承受的重力大于汽车前轮承受的重力，这样就能保证汽车在刹车的时候后轮的摩擦力更大一点，使汽车更稳定。

技术人员通过一系列复杂的运算得知，当前轮和后轮通过同样大小的鼓包时，前轮起跳的速度要比后轮起跳的速度小，也就是说后轮产生比前轮更大幅度的颠簸，所以坐在汽车的后面比前面要颠簸。

此外，后排比前排颠簸也是驾驶员长时间驾驶汽车的一种需要。如果前排和后排一样颠簸，驾驶员就很容易疲劳，这样就容易发生交通事故。

如果我们在乘车的时候携带了一些易碎的物品，比如鸡蛋、贵重的玻璃器皿等，我们可以把它们放在汽车的前面，这样就能更好地保护它们。当然，小孩子在乘坐汽车的时候不能因为害怕颠簸而坐在副驾驶座上，这样对小孩子的安全有很大的威胁。大家一定要谨记这一点哦。

怎么让秋千越荡越高

荡秋千是小朋友们最喜爱的运动之一。你荡秋千的时候，是靠爸爸妈妈推着荡高的，还是不求助于任何人自己就可以荡得很高呢？如果你还不会自己荡秋千，现在就跟着我们一起学习吧！

首先我们需要了解三个简单的概念：动能、重力势能和做功。动能和速度成正比例关系，即同一个物体速度越大，动能越大。重力势能和物体所在的高度成正比例关系，即高度越高，重力势能越大。而对于做功这一概念来说，我们只需要了解重心降低则

◀　荡秋千

重力做正功，重力势能变小就可以了。

　　秋千从最高点落下的时候，高度降低了，而速度却加快了，这在物理学中叫作系统的势能转化为系统的动能。当秋千从最低点升到最高点的时候，秋千的高度变大了，速度却变小了，这在物理学中叫作系统的动能转化为系统的势能。如果没有力对秋千的作用，在这个过程中能量是守恒的。如何能让秋千越荡越高呢？必须借助于外力的作用。

　　在秋千从最低点荡到最高点的过程中慢慢下蹲，则在此过程中我们的重心几乎不变，甚至重心降低，因此重力不做功甚至做正功，当升至最高点时迅速站起，使重力势能增大。在秋千由最高点荡回到最低点时慢慢下蹲，使重心下降，重力做正功，在降至最低点时再次迅速站起。在整个过程中重力始终做正功，因此系统的能量是不断增加的，所以我们的秋千就会越荡越高了！

赶快在秋千上试一下吧，比一比看谁的秋千荡得更高一点！当然，在荡秋千的过程中要注意安全哦。

拔河比赛比的是力气的大小吗

相信大家一定参加过拔河比赛，那么我们在比赛中取得胜利的关键是什么呢？有的人会说：力气。可是，这个问题并不仅仅是力气这么简单哦。让我们一起来分析一下吧。

当裁判宣布拔河比赛开始时，双方都会用力拉手中的绳子。现在我们对拔河比赛中的一个队员进行受力分析。在比赛过程中，队员在水平方向上受到两个力的作用：对方通过绳子对自己的拉力，队员的双脚与地面的摩擦力，而这两个力的方向又是相反的。当对方的拉力大于队员与地面的摩擦力的时候，这名队员就会滑向对手的方向，那么这场比赛就会输掉。

因为我们不能控制对方拉力的大小，所以在拔河比赛中，我们只能通过增大自己队员的拉力和增大队员与地面的摩擦力来占取优势。增大地面摩擦力的途径有哪些呢？首先，我们可以增大地面与鞋底的摩擦因数，可以穿上鞋底凹凸不平的防滑鞋子；其次，我们也可以增加队员对地面的压力，挑选出体重相对较大的队员。不过，胜负很大程度上还取决于队员的技巧。比如，我们的脚要使劲蹬地，这样就可以增大自己对地面的压力。身体往后

▲ 拔河

仰也是增大我们对地面压力的一种途径。这些技巧最终都是为了增大我们和地面间的摩擦力。

力学是不是很神奇呢？赶快举行一场拔河比赛来感受一下力学的强大魅力吧！

为什么我们向后划水，船会向前走

"让我们荡起双桨，小船儿推开波浪……"我们小时候都学过这首歌曲。小朋友在公园里划船时有没有注意过这样的现象：我们用船桨向后划水，但是小船却是向前行驶的。我们在电视上看龙舟比赛的时候，运动员们也是拼命地向后划水，只有这样龙舟才能飞快地向前行驶。那么为什么我们向后划水，船会向前行驶呢？

力的作用都是相互的，也就是说，一个物体在对另一个物体

▲ 划船中船桨对水向后用力，水对船做向前的反作用力

施加力的同时，也会受到另一个物体力的作用。就像我们用一只手拍打另一只手的时候，我们的两只手都会感到疼痛。我们划船时也是一样的道理。当船桨把水拨向后方时，水受到船桨给它的向后的力，向后方流动的水会对船体作用一个向前的力，这个力会带动船向前方运动。

其实，利用这种原理的现象还有很多。比如，我们用竹竿推岸，岸不会移动，而我们会随着船驶离岸边；我们在游泳池游泳时，手要用力地向后拨水，脚要向后蹬，这样我们的身体才能向前游走；当我们穿着溜冰鞋去推另外一个人时，两个人都会向相反方向运动……

请你动脑筋想想，生活中还有哪些现象利用了这种原理，跟大家一同分享一下吧！

跳高的时候为什么要助跑

体育运动都是讲究技巧的，掌握了技巧才能帮助自己取得更好的成绩。我们经常会看到电视中的跳高运动员在跳起来之前，都要先跑一段路程，难道"跑"也是跳高运动员的"秘密法宝"吗？

大家可以先在地面上跳一下，我们会发现，跳起来和落到地面的轨迹是竖直的。我们之所以可以跳起来，是因为我们屈腿蹬地起跳的时候给地面施加了一个力的作用，同时，地面给我们一个反作用力，是这个力"推"着我们跳了起来。

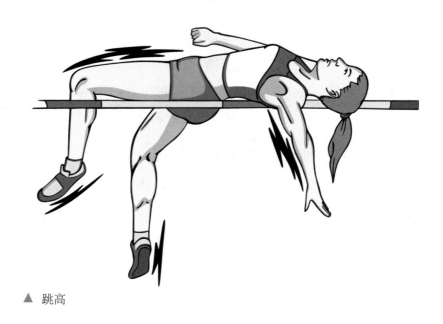

▲ 跳高

　　我们再仔细观察一下运动员跳高时的轨迹，运动员腾起后在空中"画"出的是一条弧线，不仅很高而且很远，才能成功越过横杆。这依靠的是助跑阶段的惯性力和起跳蹬地的反作用力。运动员助跑过程中使自身获得了一个水平向前的速度，所以惯性力的方向也是水平向前的。蹬地获得的反作用力是垂直向上的，所以运动员起跳后身体既会向前运动又会向上运动，轨迹就是一条弧线了。怎样才能让弧线更高一点呢？这取决于腾起的速度和腾起角的大小。腾起的速度越大，腾起角越大，弧线的高度就越高。因此运动员想要越过横杆，在空中腾起的水平距离要足够大，垂直高度也要足够大。这就需要运动员在助跑的时候获得一个足够大的水平速度，而且腾起的角度也要尽量大。你可以试一试，测试一下自己是否能够成功越过横杆。

不过一定要注意安全哦。

怎样才能把铅球掷得远

　　我们在电视上经常会看到这样的情景：很大很重的铅球快速地从运动员手中"飞"出去，在空中画出一条完美的弧线，最终落到了很远的地面上。他们仅仅是因为力气大才把铅球掷得远吗？这里面有什么窍门吗？

　　我们竖直向上抛一个小球，最终小球会竖直落在地面上。接

▼ 扔铅球

着我们再用相同大小的力将小球向前抛出，但是抛出的方向要与竖直方向有一个夹角，你会发现小球落在了我们的前方。随着这个夹角不断地增大，小球落在我们前方的距离会越来越远。但是这个距离随着夹角的不断增大会达到一个最大值，之后，增大夹角，距离会慢慢变小。也就是说，铅球抛出距离的大小除了和力气的大小有关以外，还和我们抛出的角度有关。

大家认真观察运动员抛铅球的姿势可以发现，铅球是从运动员的肩膀上方用手推出去的。不同的运动员出手的高度也是不相同的。通过一系列复杂的计算，我们可以得到下面的结论：一般运动员推出铅球的速度在 8 ~ 14 米 / 秒，出手的高度如果在 1.7 ~ 2 米，那么出手的仰角在 38 ~ 42 度时才能把铅球抛得更远。

体育运动不仅是靠这些理论知识，还要通过无数次的练习积累经验才能做得更好。

运动员在比赛之前为什么要搓"白粉"

我们经常看到运动员在比赛前都会拿白色的粉末在手上搓，特别是举重运动员、单双杠运动员。这些白色的粉末是面粉吗？难道它们是运动员取得胜利的筹码吗？

白色的粉末不是面粉，是一种叫作"碳酸镁"的化学物质，通常人们会把它叫作"镁粉"。镁粉具有质量轻、吸水性强的性质。那么为什么运动员要在手上搓镁粉呢？在进行举重或者单双杠等

比赛时，运动员要用手去抓杠，比赛时情绪容易紧张，因此手心常常会冒汗。此时，手掌和杆之间的摩擦力就会减小，会影响到运动员的比赛质量，甚至器械会从运动员的手中脱落，对运动员的人身安全产生严重的威胁。而镁粉有很强的吸水性能，可以把手中的汗吸走。此外，镁粉可以增大手掌和器械的摩擦力，使运动员将器械牢牢握在手中，更好地发挥自己的水平。

我们平时看到的桌球比赛也用到了一种粉末，我们通常称之为"壳粉"。运动员会经常在球杆皮头上涂壳粉，这样做增大了皮头和母球之间的摩擦力，使选手在击球时更加准确到位。

体育运动中包含了太多太多的力学知识，小到运动员的一个姿势，大到器械的构造，都和力学知识有密切联系。大家在玩耍的时候也要思考有什么力学秘密哟！

为什么洗衣机老是翻衣服兜

在家里用洗衣机洗衣服的时候，你可能会注意到这个问题：放在口袋中的东西，被洗衣机洗过之后就从口袋中掉出来了，衣服兜也被翻开了。这是为什么呢？

要解释这种情况，我们需要了解伯努利定理。定理是这样说的：在一条流线上某一点，流体的速度与这点的压强成反比。

我们先来分析一下衣服兜在洗衣机中的情景。当衣服在洗衣机中转动时，水会在衣服兜口流动，而水也会在衣服兜的底部流动。因为衣服兜的底部"藏"在衣服里，所以水在衣服兜底部的速度会远远小于水在衣服兜口的速度。根据伯努利定理，衣服兜底部的压强比衣兜口附近的要大。压强差迫使衣服兜底部的水往外流。在洗衣机不停地转动下，衣服兜就会翻出来。

其实我们生活中的很多现象都可以用伯努利定理来解释。比如我们在电视中会看到，一些不太牢固的屋顶会被大风掀起来。这是因为大风吹来时，房顶的风速会很大，此时房屋内并没有风，也就是说房屋内风的速度为零。根据伯努利定理，房屋内部的压强要远远大于房顶的压强。这种压强差就将房顶掀开了。

▼　洗完的衣服总是会衣兜外翻

第四章

无处不在的光

光实在是一种神奇的物质，我们一直都在研究它。

光的研究历史很悠久，不过我们到了近现代，才对光的本质属性有一个共同的认识，光既具有粒子性，又具有波动性。光的波粒二象性对于整个物理界有重大影响。不过对于光的认识，人们还在不断对过去的错误认识进行修正，根据新的现象重新得到更为接近于真实的理论，因此未来我们还有很长的路要走。

研究光，不仅是为了探索光内在的奥秘，也是为了不断地利用光，将我们的生活变得更美好。

▲ 彩虹

光的颜色到底有多少种

　　不同颜色的光按照不一样的比例进行分解和组合，会形成不一样的颜色感觉。世界上光的颜色到底有多少种呢？

　　当然是无数种了！我们每天都能看到红光、绿光、黄光……尽管它们变化万千，但它们都是由三原色组成的。光的三原色是红、绿、蓝，两两混合可以得到中间颜色的光，如黄光、青光、品红色的光等。三种等量的原色光组合可以得到白色的光。不同颜色的光波长不同，红色光波长最长，紫色光波长最短。

　　美丽的彩虹表现出的每个颜色包含一个波长的光，我们称这样的光为单色光。通常可见的单色光可以分为七种颜色：红、橙、黄、绿、蓝、靛、紫。不过单色光在生活中并不是最常见的。绝大多数光都是由不同波长和强度的光混合组成的。利用光的三原色的原理，人们还发明了彩色电视机，给生活带来了很多乐趣。

激光是什么光

20世纪，人类有许多重要的发现和发明，它们大大改变了我们的生活，如原子能、计算机、半导体等。当然激光也毫不逊色，扮演着重要的角色。激光拥有独特的性质，在许多领域都能够得到应用。激光还被称为最亮的光、最快的刀等。

早在1916年爱因斯坦就发现了激光的存在，并且提出了相应的理论。他在理论中指出，组成物质的原子中，有不同数量的粒子分布在不同的能级上，能级有高低之分，高能级上的粒子受到一定的作用，便会跳到低能级上，这时便会由于辐射激发了光。特定的状态下，一束很弱的光瞬间激发出一束强光，这就叫"受激辐射的光放大"，简称激光。激光主要有四大特性：高亮度、高方向性、高单色性和高相干性。

在1958年，美国科学家汤斯和肖洛对激光进行了深入研究，并分别于1964年和1981年获得了诺贝尔物理学奖。人类历史上获得的第一束激光是在1960年的美国加利福尼亚州休斯实验室。当时的科学家梅曼宣布获得了波长为0.6943微米的激光，并在之后将激光真正引入到了实用的领域中。

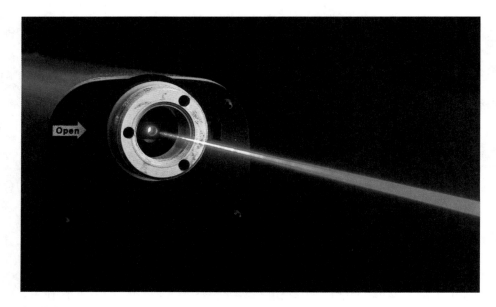

▲ 激光

如今，激光获得了广泛应用，出现了激光制造、激光手术、激光武器、激光通信等。

霓虹灯为什么能变化出五颜六色

城市的夜幕降临，街道上就会亮起五光十色的彩灯，并且颜色和图案都变化多端。这些彩灯就叫霓虹灯，是现代化城市的标志，夜晚一道亮丽的风景。那么霓虹灯为什么能发出各种颜色的光呢？

霓虹灯其实是一种低气压冷阴极辉光放电发光的电光源，霓虹灯工作的基本原理就是通过气体放电，将电能转换为五光

▲ 用霓虹灯做的招牌

十色的光谱线。

　　日常的生活中也常有气体放电的现象，例如下雨时天空中的闪电，电焊时发出的弧光，都与霓虹灯发光的原理相同。

　　一般情况下，气体是一种良好的绝缘体。可是如果将气体放在一个特定的条件下，气体的性质会发生变化。气体能够自身发生电离，并且产生能自由移动的带电的粒子。这些粒子在电场的作用下，形成了电流。物理上，把这种电流通过气体的现象称为气体放电过程。霓虹灯就是将一根两端装有电极的玻璃管抽成真空状态，并将不同种类的惰性气体充入其中，这样，当两电极间施加一定的电压时，玻璃管就会呈现出五颜六色的光。

　　如今的霓虹灯的生产可以分为三种特定的类型：只发蓝色光的属于氖汞型；只发红色光的属于纯氖型；还有特殊的是充氩汞

并在管壁内涂荧光粉，这种灯管可用不同荧光粉做成多种颜色，在保持通电的情况下，霓虹灯管就会发出多彩炫目的光来。

为什么可以从镜子中看到自己

镜子在很早以前就已经出现在人类的生活中了，那时候古人并不太了解镜子的原理。但是古人却造出了各种各样的镜子，有金、银制成的金、银镜，还有青铜制造的铜镜。据考证，公元前3000年，埃及就出现了化妆用的铜镜了。到公元1世纪，出现了能照出整个人的全身镜。16世纪发明了圆筒法制造板玻璃，同时发明了用汞在玻璃上贴附锡箔的锡汞齐法，此后，金属镜逐渐减少。

照镜子的时候，镜子中能出现另外一个你，其实这是物理学上光的反射现象。反射是镜子成像的原理。镜子对事物的反射与镜面光滑程度及入射光线的角度有关。

物理上研究反射的时候，会假想一个跟镜面垂直的法线。入射线和反射线则分别位于法线的两侧。入射角就是法线和入射线的夹角，反射角也就是法线和反射线的夹角。入射角和反射角是相等的。我们所能看到的镜中的自己，其实是平面镜呈现的虚像。

镜子不只用于穿衣打扮，还在很多方面都得到了大量的应用。例如车辆的后视镜，有些道路的转角会放置凸面镜以提醒往来车辆行人注意安全。另外，许多光学仪器，例如望远镜、潜望镜、显微镜的光路中，也会利用镜子进行反射。

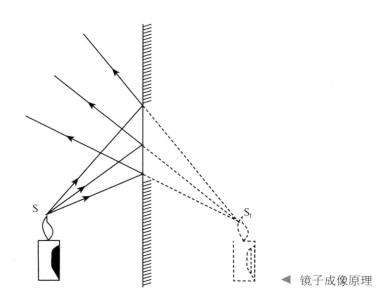

◀ 镜子成像原理

为什么哈哈镜会使人变形

　　看到过公园或者游乐场里面的哈哈镜吗？当你走过去看哈哈镜里面的自己的时候，可以看到非常奇特的现象。镜子里面的你可能变成非常小的侏儒，或者变成高高大大的巨人，甚至还会变成全身扭曲的小丑。如果你离它的距离远近不一样的话，哈哈镜所成的像的大小也不一样。这么神奇的镜子，难道是巫师施了魔咒吗？其实这只是简单的物理现象，是可以用科学知识解释的。

　　我们平常用的镜子，整个镜面都是平整光滑的，这样你看到的事物也就是正常的了。哈哈镜却不是这样的，它的镜面是特殊的。

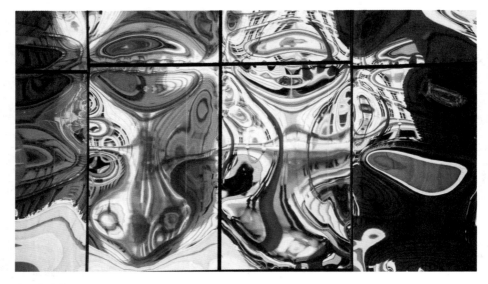

▲ 哈哈镜

如果你对着一个凸面镜做的哈哈镜，竖直方向上像与物长度相同，水平方向上像是缩小的，人像变得细长。同样的道理，如果你对着一个凹面镜做的哈哈镜，人像会变得短粗。如果镜面做成上凹下凸的，照出来的人像就头大身体小。镜面做成上凸下凹的，照出来的人像就头小身体大。想要照出的人像是扭曲的丑八怪的话，就要将镜面做成各部分凹凸不平的。

铅笔伸进水里为什么看上去"断"成两截

让我们一起做一个神奇的小实验吧。将铅笔放在盛有水的玻璃杯中，从玻璃杯侧面看铅笔，铅笔好像在水里断了一样。这是

▶　光的折射

怎么回事呢？

　　铅笔"折断"其实是一个非常简单的物理现象，这个现象涉及的物理原理是光的折射。光从一种介质斜射入另一种介质时，传播方向一般会发生变化，这种现象叫光的折射。折射光线和入射光线、法线在同一平面上，折射光线和入射光线则分居法线两侧。当光从某种介质斜射入空气的时候，折射角会大于入射角；反之，当光从空气斜射入介质时，折射角则小于入射角；特殊情况是光垂直进入另一种介质，将不会反生折射。如果光仅仅在一种均匀介质中传播，则会沿直线进行传播。

　　我们从外面看到的水中的铅笔并不是铅笔本来的位置，由于水中光的折射，使铅笔看上去像折断了一样。你可以用手试一试去触摸看到的水中的铅笔，会发现什么也摸不到。

自行车尾灯为什么没有电也会 "亮"

马路上行驶的汽车，它们的尾灯依靠电发光提醒其他司机。自行车上的红色尾灯，不能依靠电发光，但是到了晚上却可以 "亮" 起来，提醒司机注意。这其中蕴含着物理知识。

自行车尾灯是由许多个小的尾灯室构成的，每一个尾灯室又是由 3 个约成 90 度的反射面构成的。所以这里就要运用到光的反射原理了。一条光线射入尾灯，会先后经过两个垂直的镜面，这两个垂直的镜面会对射入的光线进行两次反射，使得光线最后会以与入射光线平行的方向射出。

▼ 自行车的尾灯在黑夜里反射红色的光

　　夜晚，路灯的光、汽车的灯光等，照射到自行车的尾灯上，尾灯会将它们都反射回去。光线被平行射回，后方的人也就能看见这道光了。

　　尾灯通常被设计成红色也是有原因的，其依据的就是有色的不透明体可以反射与它的颜色相同的光。因此，无论外界会有多少种颜色的光射到尾灯上，它只反射红色的光。同时，红色有警示的作用，这样就能大大减少交通事故的发生概率。

皮鞋擦上油为什么会变得光亮

　　一双很脏的皮鞋，表面蒙上了很多尘土，看上去颜色灰暗，但只要我们往皮鞋上擦些鞋油，它就会变得锃亮。你知道这是为什么吗？

　　光不管照射到什么样的物体上都能发生反射现象。如果物体表面光滑，光就会朝着一个方向反射，于是我们看到的物体就感觉非常亮。有些墙壁或者桌面从表面上看也挺光滑的，为什么看上去并不那么亮呢？原来，这些物体的表面并不是非常光滑的。如果用放大镜去仔细观察墙壁或者桌面的话，便会看到其粗糙的表面。粗糙的表面同样也会反射光，但这种反射发生了变化，不会朝着一个方向反射，而是向四面八方反射。物理上把这样的反射称为漫反射。

　　皮鞋不亮的道理就是因为光发生了漫反射。皮鞋的表面有很

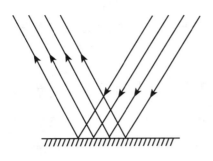
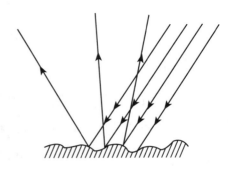

▲ 镜面反射和漫反射示意图

多的毛孔，非常粗糙。擦鞋油之后，鞋油会填补这些毛孔的缝隙，这时候鞋面就光滑了，不再发生漫反射，看上去非常亮。而且鞋面擦得越光滑，皮鞋就越发亮。

蛇为什么看不见人们穿什么衣服

蛇是一种很可怕的动物，特别是毒蛇，容易使其他动物或者人受伤甚至死亡，不过蛇在视觉上可是相对而言比较弱的，它的视觉感光能力很差。所以也有这种说法，蛇其实是看不见人们穿什么衣服的。你知道为什么吗？

蛇还是有眼睛的，一般来说，它的双眼都长在头部两侧。蛇的眼睛也是非常复杂的，眼球由最外层的巩膜、中间层的角膜和内层的脉络膜组成。巩膜是不透明的，主要起到保护整个眼睛的作用；而中间层的角膜是透明的，中央是圆形的瞳孔；内层的脉络膜上分布有各种血管及神经，除此之外还含有许多的黑色素。蛇也有晶状体，一般来说，晶状体是呈圆形的，并且曲率不变，平时为了能够看到外界事物，就需要虹膜上的眼肌来移动视网膜，但是该移动也是非常有限的，所以所有的蛇都是超级近视眼，都看不到或者看不清楚远处的物体。1米以外的事物基本上就很难看见了，更别谈看清楚人们衣服的颜色了。

　　蛇的视觉也非常不敏感，由于其眼睛的位置在头的两侧，因此双眼视觉的范围极小。

　　蛇虽然视力不佳，但是它们的嗅觉和听觉非常灵敏。而且在它们的眼睛和鼻子之间有一个具有特殊功能的颊窝，能收集外界的红外辐射，能够分辨环境中微小的温度变化，从而能够帮助蛇去捕食或进行其他活动。因此，蛇的颊窝被人们称为"热眼"。

▼ 蛇的眼睛看不清远处的东西

"眼见为实"对不对

其实,眼见有时不一定为实。我们的眼睛在观察事物的时候,由于外界的光、色和形的干扰,以及我们的生理、心理原因的影响,就会错误地认识一些事物,从而导致看到的和实际的事物产生不同。我们也称这种现象为错觉。

错觉是错误知觉的简称,是对客观事物的一种不正确、歪曲的知觉,在视觉和其他知觉方面都有体现。如当我们坐在快速飞驰的列车上时,看窗外的房屋向后移动,这就是一种错觉。

视觉的错觉有很多种。以我们日常所见到的太阳为例,很多人都会认为太阳早上刚升起来的时候比正中午的时候要大一些,其实太阳的体积相对固定,它的大小是一定的,并且太阳在接近地平线的时候和正午当空的时候的面积是一样的,在视网膜上所成的影像也是一样的,但是人们依旧会觉得太阳接近地平线的时候比正午时的面积要大出 30% ~ 50%。对于这种错觉,还有一个特别的名字——"月亮错觉",主要原因可能是该错觉现象首次是在月亮上发现的吧。

其实错觉在生活中是不可避免的,产生的原因也是错综复杂的,不过我们可以通过生活的经验来避免这些错觉,从而能够看到更为正确的世界。

▲ 刚刚升起的月亮看起来大得离谱，这实际是"月亮错觉"造成的

夜晚行车时为什么要把车里的灯关掉

在大城市里，由于生活节奏的原因，很多事情需要在晚上来处理，不过很多小朋友都注意到，爸爸妈妈在夜晚开车的时候，一般都会把车内的灯关掉。你知道为什么吗？

这么做主要是出于安全考虑。因为汽车的挡风玻璃虽然是透明的，但也是一个平面镜，在视线良好的白天，我们可以透过挡风玻璃看清楚马路上的路况，但是到了晚上，如果车内开灯，挡风玻璃就会相当于一面镜子，车内的人和物体就会在挡风玻璃前面形成像，并且由于车内的光线比车外要亮，玻璃所成的像就会

97

比车外的事物还要清晰，很容易导致驾驶员看不清外面或者容易产生混淆，从而导致交通事故。故在夜晚行车时，为了避免车前挡风玻璃出现车内事物的影子，保证驾驶员的清晰视觉以及正确判断，我们都应该关掉车内的灯。除此之外，夜晚行车时关掉车内的灯也有利于人类视觉对于光线的感知程度。因为当车内的光线较弱的时候，我们一般对外部光线比较敏感；而当车内光线比较强烈的时候，我们的视觉相对而言会比较迟钝，也不容易看清车外的事物了。

因此各位小朋友要尽量避免夜晚出行，对于必须要出行的爸爸妈妈，也要提醒他们注意安全，除了不能开车内的灯之外，还要将车子的大灯打开，遵守交通规则，文明行驶。

▼ 夜间行车，要关闭车内灯，打开大灯

什么时候能制造出让人看不见的"隐身衣"

在很多的故事里，都会出现"隐身衣"的概念，到底这个世界上存不存在隐身衣呢？我们在什么时候又能够制造出让人看不见的"隐身衣"？

隐身衣是指能够实现视觉隐身的衣物。平时我们能够看到衣物，主要是由于衣物挡住了光的传播，从而通过衣物的漫反射，我们就能看到衣物了。根据视觉的原理，人们就在想，如果衣物不挡着光，光不在衣物的表面产生漫反射，而是绕着衣物走，这样光线的传播不受到阻拦，对于旁人而言，这件衣物由于视觉观察不到，因此就隐身了。为了制造出隐身衣，人们想到在衣服的表面涂覆一些特殊的材料，这种材料能让光绕着物体走，从而实现隐身的效果。

关于隐身衣的设想，很多科学家们觉得还是有可能的，因为在军事领域，人们通过在飞机或者潜艇上涂抹一层特定的材料，可以吸收对应特定的波长的光线，继而可以阻断电磁波的传播，从而实现对于雷达的隐身。

不过要实现可见光的隐身，难度还是比较大的，因为可见光中包含各种波长的光线，从紫光到红光，若要实现可见光下的隐身，则需要找到一种能够吸收可见光区内各种波长光线的材料，而这种材料的研制颇具挑战。

第五章

力为什么看不到

当原始人类用棍棒与野兽搏斗，或者用它来撬动一块巨石的时候，他们实际上就是在使用力。从宇宙的大爆发到宇宙飞船的升空，力无时无刻不伴随着我们人类。小到一颗种子的萌发，大到火山大爆发，力与世间的万物息息相关。因此，也启发了一代又一代人对力孜孜不倦地探索，我们对力的研究也更加深入和完善。

如今力已经演变成一门学科，为了使研究问题更加方便，人们也用不同的方法来将抽象的力形象化。比如，用什么来表示力？力能不能做加减法？力会不会使东西动起来？力的单位是什么？

这些都使我们研究力学变得更加方便和易于接受。力学在历史的积淀下有了质的发展和飞跃。在古代，人们只能用杠杆来粗略估计力的大小，如今随着科技的进步，人类感知不到的力也能被精确地测量出来。对力越来越深入的探究也使力这一模糊的概念慢慢清晰起来。就让我们一起来揭开力的神秘面纱吧。

人类是怎样发现和认识力的

在人类诞生之初，世界上本没有"力学"这门学科，但是人们的生活却从来没有离开过力学，甚至我们的身体和力学也是息息相关的。我们的胳膊相当于一个杠杆，使拿放东西更加方便自如；我们每颗牙齿的形状也不尽相同，有利于我们咬断东西，咀嚼食物；我们的耳朵是张开的，便于我们听清周围的动静……

现在我们学习的力学知识都是我们的祖先在生产劳动中渐渐积累起来的。某一天他们发现长一点的木棒追打猎物更轻松，尖一点的石器更容易把生肉砸开，脚上套上东西才不容易把脚磨破……于是他们开始用长木棒捕食猎物，打磨石器来切开生肉，编制草鞋套在脚上……渐渐地，他们的经验越来越丰富，后来发明了盛水的器具，学会了用杠杆搬移沉重的物体，用车轮来代替行走……每一项小小的发明都是人类文明迈出的一大步！

我们的祖先也在平时的生活中认识到运动的一些简单规律，比如车轮制作成圆形才更容易滚动，石头被水平扔出去总是呈一个弧线轨迹，太阳总是东升西落……然而对于运动和力学的结合，在文艺复兴时期（14～16世纪）之后才有了一些初步的认识。人们发现，运动和力学总是密不可分的，并且是有规律可循的。

自然界中奇怪的现象吸引着一代又一代人去探索力学，发现真理。力学也在人们的不断探究下诞生了，并随着时间的变

▲ 独轮车

迁逐步完善。

　　每一个起源都是文明的一个开端，每一次完善都是最完美的序言！让我们以此为开端认识和学习力的秘密吧！

力可以分为哪几种类型

　　在学习和生活中，我们会把身边的很多东西进行分类。比如，香蕉、苹果、橘子、菠萝，我们把它们归类为水果；汽车、火车、飞机、电动车，我们把它们归类为交通工具；铅笔、橡皮、尺子、卷笔刀，我们把它们归类为文具……在我们身边存在着各种各样的力，人们把这些力也进行了分类。

我们从高处往低处跳是重力"拉"我们落到了地面；头发跟随梳子到处乱跑，是电场力将它们"粘"在了一起；人们可以在马路上平稳地走动而不会滑倒，是摩擦力"扶"着我们稳稳地行走；地球日日夜夜有规律地绕着太阳转动，那是引力把地球与太阳"拴"在了一起；指南针永远都会指向南方，是磁场力"拉"着指针来回旋转；我们很费力才能将一个苹果掰成两半，是分子力在"阻止"我们将它们分开；我们用橡皮筋做成弹弓打鸟时，是弹力将石子"抛"向了空中。

我们可以把身边的力大致分为重力、弹力、分子力、电场力、摩擦力、核力、磁场力，这些是按照力本身的性质来定义的力，在物理学中被称为性质力。

其实，在我们的周围还存在许多不同类型的力：我们按门铃时，手指会给门铃一个压力；一个苹果放在桌子上时，桌子会给苹果一个支持力；在前面我们还提到，我们逆风行走时，会感到比较用力，那是风对我们的阻力……这些由力的效果进行定义的力，在物理学中被称为效果力。

我们身边还存在着许许多多不同类型的力，你会把它们进行分类吗？

我们没有办法看到力吗

我们已经介绍了一些和力有关的知识，但是你们有没有在脑海里浮现出力的一些样子？比如，力是什么形状的？力是什么颜色的？力是否长得像公主一样漂亮……

其实，力是没有形状、也没有颜色的，我们没有办法看到力。人们是根据力产生的效果进而发现并研究力的。

大家平时在测量自己的体重时，会看到秤盘上显示的数字，大家可能会认为秤盘上的数字就是力。其实，它只是重力的一种表现形式，我们称它为"重量"或者质量。我们测量体重用的电子秤，只是测量力的一种仪器。我们测量出了"重量"并不代表我们看到了力。

我们在结冰的地面行走时，会感到特别容易滑倒，但在干燥的地面却没有这种感觉。那是因为，结冰的地面和我们的鞋底之间的摩擦力较小，而干燥的地面和我们鞋底的摩擦力较大。大家应该知道，人们在走路时我们看不到鞋底与地面产生了什么东西，但是，我们可以根据走路时的感觉去了解力。

当一个苹果放在桌子上时，苹果会给桌子一个我们看不到的压力，桌子也会给苹果一个我们看不到的支持力。大家有没有想过，在苹果的里边会不会存在一些我们看不到的力呢？其实，在苹果内部还存在许多分子力。在苹果里边还有很多苹果小分子在

"到处乱跑"，那些分子力就是它们相互作用产生的。不仅仅是苹果，很多东西都是由无数个小分子组成的，都存在相互作用的分子力。这些力我们都是没有办法看到的。

小贴士

英国物理学家计算，如果一粒尘埃在距离地面 2 米的地方，那么它下落到地面需要一个星期。这是空气阻力造成的。在春季百花盛开的时候，空气中会到处弥漫着花粉，小的花粉颗粒在空中很长时间都不能散去。

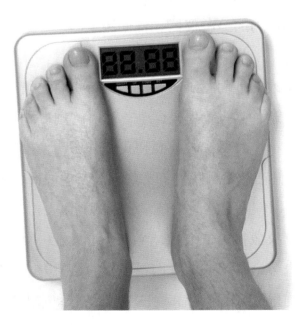

▲ 体重是重力存在的表现

我们怎么度量力的大小

力除了有不同的类别之外，还有大小之分。那么怎样度量力的大小呢？

这里重点为大家讲解重力的度量方式，它是学习生活中最普遍的一种需要。在物理学中我们习惯用弹簧测力计来测量一个物体的重力。弹簧测力计是用弹簧制作的一种简单的仪器。它的工作原理是：在弹簧不会被拉坏的前提下，弹簧的弹力与弹簧形状改变了多少成正比。这句话可以用公式"弹力 = 弹性系数 × 弹簧的形变量"来表示。公式中的"弹性系数"是一个常数，不同的弹簧的弹性系数是不一样的。我们平时在使用弹簧测力计时，手拉弹簧测力计的上端，把要测量的物体挂在弹簧测力计的钩上，其重力数值在弹簧测力计上就可以直接读出来。由于弹簧测力计的操作简单、方便，因此在实验室中被广泛采用。重力还可以用电子秤进行间接测量。电子秤是通过压力传感器进行工作的。物体放在电子秤上时，显示的是物体的质量，根据重力和质量之间的关系，就能够测出重力的大小。除此之外，杆秤也是计量力的一种工具，它在中国已经有很悠久的历史了。杆秤测出来的同样也是物体的质量。它是我们的老祖先通过杠杆原理制造出来的。与其有相同原理的还有天平，这些都是测量重力常用的工具。

◀ 弹簧秤

　　我们根据弹簧测力计的工作原理，想一想它还可以度量哪些力的大小呢？因为它是由弹簧制作的，所以还可以度量弹簧弹力的大小。除此之外，我们用手拉弹簧的时候，弹簧测力计同样也会显示力的大小，因此，它还可以测量拉力的大小。

　　总之，在测量力的时候，我们要根据不同的需要选择合适的仪器，才能达到目的。

力有正负之分吗

　　数学中比零还要小的数被我们称为负数，大于零的数是正数。也就是说，数学中的数字有正负之分，那么我们所接触的物理学中的力有没有正负之分呢？

其实力也是有正负之分的。在数学中我们说的负数要比零和正数小，而在物理学中力的正负不是表示大小，而是表示方向。

在物理学中，我们按照有无方向将物理量分为两大类：矢量和标量。有方向的物理量叫作矢量，比如位移、速度、力等都是矢量。反之，没有方向的物理量叫作标量，比如路程、速率、质量等都是标量。

力的正负并不是一成不变的，它是人为规定的。我们可以根据自己研究问题的方便与否来自己规定力的正负。一旦我们规定了力的正方向，那么相反的方向就是力的负方向。既然我们已经知道力有正负之分，而力的正负不表示大小，那么 −5 牛的力和 −4 牛的力哪个比较大一点呢？答案是：−5 牛的力大于 −4 牛的力。比较力的大小的时候，我们需要比较它们的绝对值而不应该比较它们的数值。

通过学习，大家应该掌握力的正负表示的是什么，怎么比较两个力的大小。那么通过对力的学习，其他物理量为矢量的，大家也应该有所感悟。我们所学的知识其实是相互联系的，要学会融会贯通，这样我们的知识才会越来越丰富，思维也会越来越开阔。

只有地球上才有力吗

前面讲的内容都是和我们生活息息相关的。你有没有产生这样的疑问：只有地球上才有力吗？其他星球或者宇宙中会不会存在力呢？

前面已经提到过，我们能站在地面上，是因为地球给我们施加了引力的作用。而宇航员在太空舱内并不是站着或者坐着工作的，而是漂浮在太空舱内。那么，宇航员不能站在太空舱内是不是就不受引力的作用了？答案是否定的。只是因为在太空舱内，宇航员远离了地球，地球对太空舱的引力作用变得很微小，而在太空中没有作用很大的引力体，所以宇航员在太空舱内不能像在地球上那样行走自如，因此我们看到宇航员漂浮在太空舱内。

宇航员能够站在月球上，这是引力的作用。那么宇航员站在月球上的引力和站在地球上的引力大小相同吗？是不同的，我们生活的地球的引力是月球引力大小的六倍！在月球上还存在其他性质的力，比如电场力、磁场力等。

另外，不管是在太空舱内还是在其他星球上，两个物体间都存在引力的作用。而只要有物体存在，物体的内部都会存在分子力。

所以说，力不仅仅存在于地球上，其他星球乃至宇宙中都存在力，只是力的大小或者力的种类不同而已。

▲ 人类首次登月纪念邮票

力一定会使东西动起来吗

　　大家有没有这样的经历：当你推家中很重的餐桌时，不管怎么使劲，餐桌却始终停留在原地；当你搬一块很大的石头时，不管怎么用力，那块石头却始终不会被搬起来；当妈妈让你端晚餐时，你却能轻松地把饭菜都端到餐桌上。难道说，我们在推餐桌、搬石头时力没有存在吗？只有我们使物体动起来的时候力才存在吗？其实力始终都是存在的，但并不是所有的力都能使东西动起来。

　　当我们推餐桌时，我们会给餐桌一个推力，餐桌和地面接触的部分会有静摩擦力，假如我们给餐桌一个向左的推力，那么餐

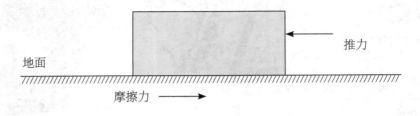

地面

推力

摩擦力

▲ 摩擦力

桌和地面就有一个向右的摩擦力，这两个力的方向是相反的。我们给这两个力做加减法，用推力的大小减去最大静摩擦力的大小。如果得出的是正数，即推力大于最大静摩擦力，那么餐桌就会移动；相反，如果推力小于最大静摩擦力，那么餐桌就会原地不动。现在你们应该明白为什么餐桌没有移动了吧。那是因为你们的推力小于最大静摩擦力，也就是说你们使的劲不够大，并不是力不存在。

大家现在应该明白，力不一定能使东西动起来，要想动起来还需要附加一定条件呢！

小贴士

最大静摩擦力：当我们推物体，物体没有移动，那么物体与接触面之间的摩擦力叫作静摩擦力，随着推力的增大静摩擦力也会增大，当物体刚开始滑动时，静摩擦力达到最大值，这时称作最大静摩擦力。

力是如何被感受到的

人体有多种感觉器官，我们能认识这个世界，就是因为我们能感受到周围不同的事物，比如光、风等等，我们能认识到力，说明我们也能感受到力，那么力究竟是如何被我们感受到的呢？

首先，是最普遍的重力，我们感受到的重力，最直观的表现就是我们能够站立在地面上，并且有体重这样很清晰的数字体现我们的重力。我们能够走路，而没有在原地摔倒，则是因为有摩擦力，摩擦力让我们的脚底与地面之间不产生滑动，所以我们能够很平稳地行走，自行车、汽车等的运动也都是因为有摩擦力。当遇到大风天气，我们迎着风走路时，会感觉比平时要困难一些，需要我们稍微费些力气，这就是风的阻力，会阻碍我们前行，如果顺风而行，则会很轻松，这时风提供了推力。这些宏观表现出来的力很容易就能被我们感受到，这要感谢我们身体为我们提供的发达的感官系统。

还有一些虽然常见，但并不表现在宏观的力，比如电磁力、分子力。我们的地球存在着磁场，我们所处的环境中到处覆盖着地球的磁场，指南针就是根据带电荷的针能在不受外力的情况下指出南北两个方向而发明的。我们能很轻易折断一根树枝，却不能折断一根铁棍，这就是分子力的表现。分子间相互紧密地聚集在一起，产生强大的吸力，这也是有很多东西会有固定的形状，

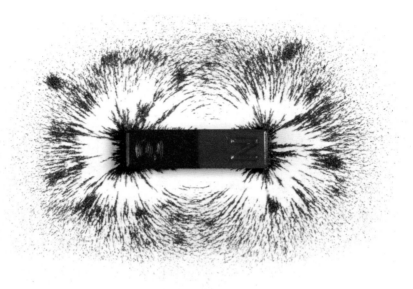

▲ 磁力通过磁粉的运动方向被体现出来

而不是像水一样摊在地上的原因。

　　力的种类多样，被我们感受到的方式也不一样，大家要多细心观察生活中常见的力，才能对力的理解有更透彻的认识！

在空气中和在水中分别拿起同一块大石头哪个更轻松

　　轮船能漂浮在水面上自由自在地航行，而一块石头扔进水里却会沉在水底。这是不是因为轮船受到了浮力的作用，而石头

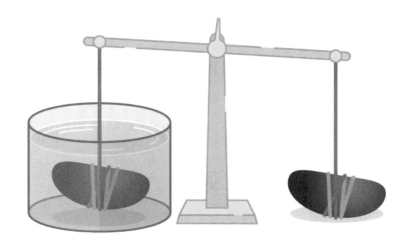

▲　在水中的石头因受到向上的浮力作用，表现得比空气中的石头"轻"

不受浮力的作用呢？如果答案是肯定的，那么在水中拿起一块石头就应当和在空气中一样费力气。究竟是不是像我们猜想的那样呢？现在我们来做一个物理小实验，我们先准备实验器材：一块石头，一条细绳，一盆水和一个弹簧测力计。

　　我们先用细绳捆绑我们事先准备的那块石头，然后挂在弹簧测力计上，记下此时弹簧测力计的读数。然后把那块绑有细绳的石头放入水盆中，挂在弹簧测力计上，再记下此时弹簧测力计的读数。我们经过比较可以发现，第一次弹簧测力计的示数比第二次的示数大。这就说明石头在水中是受到浮力的作用的。

　　如果我们用两块质量相等的石头，分别放在空气中和水中，我们也会感觉抬起放在水中的那块石头比较省力。我们还可以用力的加减法来进一步作研究，这也是大家以后在中学学习物理的过程中常用的一种方法。

当我们在空气中拿起一块石头时，我们所用的力等于石头的重力（空气的浮力忽略不计）。当我们在水中拿起一块石头时，石头所受的重力方向是竖直向下的，而受到浮力的方向是竖直向上的，所以我们所用的力等于石头的重力减去所受到的浮力。因此，在空气中拿起一块石头要比在水中拿起一块石头费力。

我们讨论这个问题是为了掌握分析问题的方法，我们要学会把实验和理论结合在一起，这是学习物理最有效的方法。

单手使劲握鸡蛋，鸡蛋会碎吗

妈妈在炒鸡蛋的时候，我们可以看到妈妈非常轻松地就把鸡蛋给磕开了；你自己在吃煮熟的鸡蛋的时候，也会很容易地就将鸡蛋壳剥开。人们能把生鸡蛋磕破把熟鸡蛋剥开，是因为我们用鸡蛋的某个部位去碰撞比较坚硬的东西。那么，大家会不会觉得，如果我们单手握鸡蛋就会轻易地将鸡蛋握碎？其实答案是否定的。

这里所说的握鸡蛋，是指用整个手掌都包围着鸡蛋，然后整个手掌的所有部位都要一起用力去握鸡蛋，这时候鸡蛋是不会被压碎的。这是为什么呢？

如果我们拿鸡蛋去碰撞坚硬的东西，那么鸡蛋被碰撞的那一小部分会受到很大的力，也可以说鸡蛋的单位面积（我们这里可以把 1 平方厘米看作是单位面积）受到的力很大。如果我们用整个手掌把鸡蛋包裹起来，虽然手掌用了很大的力，但是平均到单位面积时，力就会减小很多，不足以把鸡蛋握碎。

我们在平常的生活中也会有同样的感受。比如，我们的双手使劲按压在桌子上的时候，我们不会感到疼痛；如果我们用同样大小的力按压在一根绣花针尖上时，我们会有什么样的感受呢？物理学中把这种单位面积上受到的力叫作压强。

大家可以在家拿个鸡蛋，做一个同样的实验，看看你们能不能把鸡蛋握碎。

▲　手握鸡蛋，
　　鸡蛋会碎吗？

怎样让鸡蛋慢慢浮起来

学到现在你们的大脑里已经储备了许多有关力学方面的知识。人的身体如果不运动，不可能不借助于任何载体而漂浮在水面上。那是因为我们所受到的重力大于水给予我们的浮力。其实还可以从另外一个角度去解释：我们身体的密度大于水的密度。就像我们把油倒进水里，油会漂浮在水面上一样，因为油的密度是小于水的密度的。

如果拿一只鸡蛋放进水里，鸡蛋也会沉下水底。这似乎是自然界不变的规律。那么鸡蛋会不会"逆袭"呢？鸡蛋会慢慢浮起来吗？鸡蛋放进水里会沉下去，是因为鸡蛋的密度大于水的密度。那么我们改变水的密度会出现什么结果呢？下面我们一起来做个实验吧！

实验需要准备的器材有：一个小盆子，清水，一袋盐，一只鸡蛋，一双筷子。

先将事先准备的小盆子里面倒入清水，把鸡蛋慢慢放入清水中。我们会看到鸡蛋沉入水底。将盐慢慢倒入水中，并不断搅拌，加速盐的溶化，观察鸡蛋在水中的位置有什么变化。

实验的结果显示，鸡蛋会慢慢地浮出水面。为什么会有这样的实验结果呢？我们不断地向水中放入盐并搅拌，清水会变为盐水，密度不断地增大。当盐水的密度大于鸡蛋的密度时，鸡蛋会渐渐浮出水面。

◀ 鸡蛋在清水里沉在水底，在盐水里浮在水中

不倒翁是怎么做成的

你们见过不倒翁吗？知道它是怎么做出来的吗？为什么不管我们怎么推它，它总是不会倒下呢？学习了这一节的内容你们就会解开心中的疑团了。而且我们自己也可以做一个漂亮的不倒翁。

又细又长的树干很难竖着放在地上，但是又矮又胖的木桩就算大风也不容易把它吹倒。这是由于树干的重心高，而木桩的重心低的缘故。也就是说重心越低物体越稳定。不倒翁就是这样一个重心很低很低的物体。它下重上轻，重心在底部。而且，当不倒翁倾斜时，由于力矩的作用，不倒翁很快会恢复原来的状态。

要制作不倒翁先准备好原材料：一个鸡蛋，适量的小米，胶

▲ 不倒翁

▼ 装有闭门器的大门，这一装置使得门能够自动关闭

水，筷子，碗和卫生纸。先把鸡蛋的顶端用筷子小心地戳一个小洞。然后把鸡蛋里的蛋黄和蛋清全部倒进碗里，用水冲干净蛋壳之后再用卫生纸将蛋壳擦干。往鸡蛋顶端的小洞里倒进一些小米和胶水，这样就可以让小米固定在蛋壳的底端了。到底小米和胶水放多少呢？它们占据蛋壳容量的三分之一就好了。等胶水干了之后，你就可以尽情地发挥想象给鸡蛋壳"化妆"，这样一个漂亮的不倒翁就做好了。

你能让门自动关上吗

随着科技的发展，我们的生活水平有了不小提高。比如，房间里夏天有空调，冬天有暖气。有时家里装的门都是自动关闭型的，因为很多时候，我们都是希望门可以自己关上，那样空调吹出的冷风或暖风才不会很容易就流失掉。

但是，现在很多小朋友的家里装的不是自动门。大家想不想做一个装置让门自动关上呢？现在我们利用前边学习的物理知识，动手做一个简单的装置，使家里边普通的门，也能像自动门一样用着方便。

在前面我们学习了弹力。像弹簧、橡皮筋这些东西都是有弹力的。因为具有弹力，它们都是可以恢复原来的形状的。那么是不是可以根据这个原理来设计一个自动关门的装置呢？

其实这个装置很简单：对向内开的门，我们可以在门的外侧粘一个挂钩，在靠近门外侧的墙上再粘一个挂钩。然后在两个挂钩之间绑一条弹性较好的橡皮筋。橡皮筋的长度要根据橡皮筋的弹性决定。因为不同的橡皮筋在拉长相同长度时，弹力大小是不相同的。当我们推开门时，由于橡皮筋的弹力，就会把门又重新拉上，这就把门变成"自动门"了。

如果我们希望家里的门（向内开）总是开着的，就可以在门的内侧和靠近门内侧的墙上分别粘一个挂钩，并用橡皮筋连起来，这样就会让门总是开着了。

你会做一个简单的潜水艇吗

我们都看过使用潜水艇作战的电影，潜水艇可以浮上水面攻击敌人，可一眨眼的工夫就不见了。难道潜水艇消失了？其实那是潜水艇下潜至水下，隐藏起来了！那么潜水艇是如何做到随意上浮和下潜的呢？

如果一个物体可以漂浮在水面上，这个物体的重力就等于所受到的水的浮力。而物体沉入水中，是因为重力大于浮力。潜水艇中有一个蓄水舱，通过改变蓄水舱中水的体积就能实现潜水艇灵活进出于水中了。

潜水艇所运用的物理原理很简单，你也可以自己动手做一个简单的潜水艇。

我们需要准备的器材有：一只注射器，一盆水，一个比较长

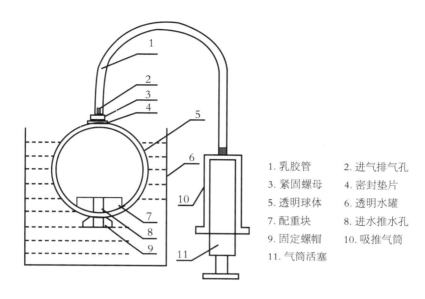

1. 乳胶管   2. 进气排气孔
3. 紧固螺母   4. 密封垫片
5. 透明球体   6. 透明水罐
7. 配重块   8. 进水推水孔
9. 固定螺帽   10. 吸推气筒
11. 气筒活塞

▲　潜水艇沉浮原理结构示意图

的气门芯。准备好之后我们就可以动手操作啦！

　　把注射器的活塞推到最底部，然后在注射器装针头的那一端装上气门芯，一个简易的潜水艇装置就做成了！那么怎么用它呢？首先我们把"潜水艇"放入装有水的盆子里，可以看到，"潜水艇"隐藏在了水盆的底部，再从气门芯的一端用力吹气，随着活塞慢慢移动，"潜水艇"慢慢脱离了水盆底部，最后漂在了水面上。

　　为什么我们向注射器中吹气，可以让"潜水艇"漂在水面上呢？这是因为我们改变了"潜水艇"的浮力。潜水艇在水中受到的浮力的大小与它排开水的体积和自身的密度有关。而实验中"潜水艇"的密度是一定的。当向注射器中吹入空气，"潜水艇"排开水的体积就变大了，所以浮力变大，"潜水艇"浮出了水面。

你会让石头在水面上"奔跑"吗

    我们把石头投进水里，石头会沉入水底，这似乎是司空见惯、自然而然的事情。如果石头能在水面上跑起来，是什么原因造成的呢？速度！我们来做一个实验看看能不能实现这个"奇迹"。

    这个实验需要我们在户外完成。在周围找一个有湖的地方，然后准备几块薄薄扁扁的石头。拿起一块石头，猫下腰，将石头水平旋转着贴近水面用力抛出去。比较成功的情况下，石头会在水面上滑行很长一段路程，甚至可以跳起来，实现在水面上"奔跑"！

    为什么我们的实验结果和我们平时所见的现象不一样呢？前面已经讲过，海上滑水运动员所受到的水面的支持力，除了和滑板的角度有关系外，和快艇的拉力也是密切相关的。快艇的作用

▼ 石头在水面上"奔跑"

就是为了给运动员一个很快的速度。同样的道理，石头相当于滑水的运动员，我们用力抛出石头其实就是给了石头一个速度。而挑选薄扁的石头也是实验成功的关键，这样的石头受到水的阻力要大一点，不容易沉下去。就像我们用整个手掌平着去拍水和手掌竖直拍水的感觉是完全不一样的。

速度不仅仅可以让石头漂在水面上，速度还可以帮助飞机飞向天空，让摩托车行走在直立的墙壁上，速度也可以让宇宙飞船飞向太空……速度有太多太多的魔力，你们还发现了什么？

你会区别生鸡蛋和熟鸡蛋吗

生鸡蛋和煮熟的鸡蛋看起来是一样的，那么在不打碎鸡蛋的前提下，大家能区别生鸡蛋和熟鸡蛋吗？下面我们来做一个物理小实验区分生、熟鸡蛋。

首先准备一个生鸡蛋和一个熟鸡蛋，在桌子上同时转动两个鸡蛋，使鸡蛋迅速旋转起来，然后观察两个鸡蛋的转动情况。如果鸡蛋转动得很顺畅，那么这个鸡蛋就是熟鸡蛋；如果鸡蛋转动得不顺畅，那么这个鸡蛋就是生鸡蛋。

因为煮熟的鸡蛋，蛋壳、蛋清、蛋黄是一体的。当熟鸡蛋转动时，蛋壳、蛋清和蛋黄一同受力，一起旋转，所以转动得比较顺畅。而生鸡蛋的蛋壳、蛋清和蛋黄是分开的，当生鸡蛋转动时，只是蛋壳受到了力，蛋清和蛋黄几乎未受到力。因为蛋清和蛋黄具有保持原状的惯性，不会很快跟着蛋壳一起转动，蛋壳的转动就被蛋黄拖慢了，生鸡蛋就不会转动得很顺畅。

在鸡蛋的转动未停下时，用双手突然按停鸡蛋，并马上缩手，再观察两个鸡蛋。如果缩手后鸡蛋不再转动，那么这个鸡蛋是熟鸡蛋；如果缩手后，鸡蛋能再转动几下，那么这个鸡蛋是生鸡蛋。

因为熟鸡蛋被按停时，蛋壳、蛋清和蛋白全部受力，所以全部停止运动，缩手后就不会再转动。而生鸡蛋被按停时，只是蛋壳受到力停了下来，蛋清和蛋黄由于惯性并没有停下来，缩手后蛋清和蛋黄会带着蛋壳再转动。

小贴士

我们为什么感受不到地球在旋转

假如我们坐在地铁上，在地铁启动或者制动的时候，我们能够明显感受到力的作用，但是在地铁行驶的过程中，我们却几乎感受不到地铁在行驶。这是因为地铁为我们构建了一个惯性的体系。只要这个体系的速度不发生改变，我们就不会明显感受到体系的运动，并会跟随体系一起前行。

同样的道理，我们生活在地球上，大气层为我们提供了一个完美的惯性体系，因此我们几乎感受不到地球的旋转。假如地球突然停止转动，或者突然加速旋转，我们的身体就会有明显的感受。但是这种情况是不可能发生的。

一个装满水的杯子还能放多少硬币

在一个装满水的杯子里面，我们还能放入什么东西而不会使水溢出来呢？

盐、糖、沙子这些东西都是可以放入杯子的。那么硬币可以吗？大家可能会说：满满的一杯水怎么能放进去硬币呢？这是不可能做到的。那么究竟能不能放进去呢？让我们一起做一个简单的实验来证明一下吧！

首先向事先准备好的玻璃杯中倒水，直到水面与杯子口基本平齐，然后把硬币放入水杯中。需要大家特别注意的有一点，也是实验成功的一个关键点。向水杯中放入硬币的时候要把硬币直立起来，轻触水面后缓缓放下，不能操之过急。

曾经有人做过这样的实验，最多往水杯中放入了 21 枚硬币。那么究竟为什么盛满水的杯子里面还能放进去硬币呢？这和我们前面讲的分子的表面张力有关系。细心的同学在做实验的时候可能就发现了水在杯子口的形状发生了变化。最开始的时候水面大致是一个凹形，但是随着硬币数目的不断增加，水面逐渐凸了起来超过了杯子口的高度，而此时水却不会溢出来。这恰恰就是水分子的表面张力在起作用。当然，当放入水中的硬币超过一定数量时，杯子里的水便会溢出来了，这是由于水分子的表面张力承受不住那么多硬币。

第六章

自然中的电与
生活中的电

　　阴雨天，乌云密布，天雷滚滚，一道闪电划过天空。生活中，摩擦感应，啪啪作响，那是静电在耀武扬威。大自然中处处存在着神秘的电，无论是天上的闪电，还是我们身边的静电；无论是动物中的电，还是植物中的电，甚至连小到我们肉眼都看不见的原子中也存在电。也许我们曾感叹化学的神秘，也许我们曾驻足极光的美丽，但是我们一定没想过那里有电的精灵在翩翩起舞。

　　电在大自然中是那么神奇，我们想探究闪电，我们想近距离接触静电，我们想一探原子中质子电子的神秘，我们想看到化学中的电，我们想一睹极光的风采，我们想深入地底探索地磁场。要想做到这些，都有一个前提条件：了解电。

电是如何被发现的

电作为一种自然现象，早在远古时期就被人们认知，并作为一种神秘的力量被人们崇拜，引发了人们研究它的兴趣。古希腊哲学家泰勒斯做了一系列关于静电的观察。在古埃及，被称为"尼罗河的雷使者"的发电鱼，被视为其他鱼的保护者。古代罗马医生还建议患有像痛风或头疼一类病痛的病人，去触摸一种能发电的电鳐，用电击治愈他们的病。在地中海区域，很早就有文字记载，将琥珀棒与猫毛摩擦后，会吸引羽毛一类的物质。

近代之前，人类对电的研究还停留于观察、辨别、发现的阶段，并没有重大的突破。直到近代，电的研究才有了突破性的进展。本杰明·富兰克林对闪电进行了研究；亚历山大·伏打伯爵发明了伏打电池；汉斯·奥斯特发现了电磁效应；安德烈·安培给予电磁学一个结实的数学架构；麦可·法拉第发明了电动机，对电的应用起到了巨大的推动作用；格奥尔格·欧姆对于电路的分析给出一套精致的数学理论……我们不得不赞叹天才的科学家，是他们一步步揭开电的神秘面纱，并为电气时代的到来奠定了坚实的基础！

到了 19 世纪，电成为第二次工业革命的强大动力，西方迎来了"电气时代"！此时的电不再是天边可望而不可即的闪电，也不再是神秘难控的事物，而是可以被开发和利用的强大能源。

富兰克林的风筝实验证实了什么

雷电不仅能把人击倒，而且能将高大的树木劈成两半。古时候，西方人把雷击看作是"上帝的怒火"，中国人则把它敬称为"雷神"。长期以来，闪电在人们的心目中一直是种可怕的东西。那么，闪电到底是什么呢？谜团的解答还要从 18 世纪美国科学家富兰克林的风筝实验说起。

富兰克林是一位享誉世界的科学家和发明家，他曾敏锐地观察到闪电和静电的放电现象有很多相似之处：比如都会发光，都会有响声。据此他怀疑闪电就是一种放电现象，不过在当时这种说法没有确凿的证据，所以富兰克林决定用实验来证实这个观点。

1752 年富兰克林做了著名的风筝实验。实验那天，乌云密布，一场暴风雨即将造访人间。富兰克林和他的儿子拿着一个带有金属杆的风筝来到了后院，他让儿子拉着风筝满院跑。刹那间，暴雨倾泻下来——说时迟那时快，只见一道闪电刚好从风筝上掠过。富兰克林立即用手触摸了一下风筝上的铁丝，瞬间就有一种麻木感袭遍全身，他兴奋地大声呼喊："我被电击了，我被电击了！"随后富兰克林又经过各种实验证明了雷电和生活中的电是同一种事物。

虽然现在关于富兰克林风筝实验的真实性说法不一，也没有

▲ 风筝实验

▼ 积雨云和闪电

证据证明它确实存在过，但是，无论如何，我们都应该学习富兰克林这种勇于实验的精神。不过，用风筝来做这种实验，非常危险，大家最好不要模仿。

闪电是怎样形成的

夏天的时候，瓢泼大雨会不时"光顾"大地，伴随大雨的还有银蛇一般的闪电，它划破苍穹，冲向大地，若惊鸿，似游龙。充满好奇心的你一定疑惑它是怎么来的吧！那么今天我们就来揭开它的神秘面纱吧！

闪电是云与云之间、云与地之间或者云体内各部位之间的强烈放电现象，一般常见于夏季的雷雨天。雷电的起因一般认为是云层内的各种微粒碰撞摩擦而积累电荷，当电荷的量达到一定的程度，会使地面因静电感应而产生电荷聚集，云层之间、云层与地面之间会形成几百万伏的电压。这个高压足以击穿空气，瞬间就产生几十万安培的电流，电流生热使空气发出强光，就形成了强烈的闪电。

一般情况下我们见到的闪电类型都是线状闪电，但是在一些特殊情况下还可以形成带状闪电、片状闪电、火箭状闪电、球状闪电、联珠状闪电等，这些闪电虽然形状有着差异，但是它们形成的基本机理都是一样的。不同形状的闪电更加重了这个"蛟龙"的神秘感，在变幻莫测的强光背后是令人敬畏的大自然啊！

但是闪电并非能常常欣赏到，它也不是在任何情况下都能发生的。闪电的形成一般需要潮湿的空气、大块而厚重的云朵、黑暗而成片的云层，一般这种是积雨云。天气较为干燥的地区一般不容易出现雷电天气。闪电是危险的，观看闪电一定要注意安全，避免受到意外伤害。

电鳗为什么会放电

我们知道人们曾经用电鳐治疗疾病，电鳐是一种会放电的动物，但是它的电压一般只有几十伏特，不会置人于死地。电鳗就不同了，电鳗是种可怕的、人们对其所知甚少的动物，它能以

▼ 电鳗

数百伏特的电压击昏天敌和猎物。那么电鳗是如何放电的？它为什么会放电呢？

目前科学家普遍认为只有一种电鳗，但也有人认为有外形不同的品种。科学家在南美洲的荒凉雨林找到了一种被称作"黑魔鬼"的电鳗，它们的身长达到 2 ~ 2.5 米，是一种巨型电鳗。电鳗会释放两种电子信号，一是几百伏特的电击，可以使动物麻痹；二是微弱而间断的 10 伏特的电子信号，可以找到猎物，这类似于雷达或者蝙蝠寻找猎物的情况。

但是，区区血肉之躯的动物如何能产生如此强劲的电流呢？秘诀就在于电鳗的身体构造：电鳗的主要器官都长在身体前段 1/5 处，身体其余的部分由数千个盘状的发电细胞组成。当电鳗找到猎物或者碰到危险的时候，带电离子会流向细胞的一端，形成一连串的小电池，虽然每个细胞释放的电压只有 0.1 伏特，但是当数千个细胞同时放电的时候就会产生极高的电压，通常能够达到 300 ~ 500 伏特，最高能达近 900 伏特。

电如何在人的身体上发挥作用

对人类身体的控制，全都是大脑完成的。当我们身体缺水时，大脑会给身体发送"信号"，让我们有口渴的感觉，进而去补充水分。当我们想着去拿某样东西时，大脑就传"信号"给我们的手臂肌肉，让我们准确地拿到东西。所有关于我们身体的控制、

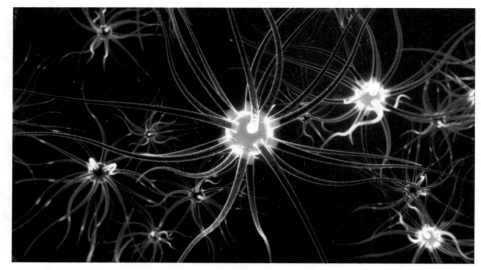
▲ 神经元电脉冲

身体的感觉等活动，都离不开神经系统的帮助。而神经系统在传输神经信号的时候，也离不开我们所说的电能。

神经系统由神经细胞组成，遍布全身。"信号"在细胞间传递，到达指定位置时，我们的身体就做出反应。这看似漫长的过程，却在一瞬间完成，这就是因为我们所说的"信号"，其实就是微弱的生物电流在起作用。而电的传播速度是接近光速的，所以我们能够几乎同时实现"想"与"做"这两件事。

上面说的都是微弱电能在人身体内部的作用，那么，如果直接将外电流导入人体会怎样呢？实验证明，超过8毫安的电流就能使我们的肌肉不由自主地收缩，大电流会直接击伤身体，也可能导致人休克，心脏骤停，甚至直接产生热量，灼伤人体。但这并不意味外部电流对我们无任何用处。某些心脏病患者使用药物治疗时，会导致心室颤动，引起心脏停搏。这时最有效的方法就是心脏电击除颤。所以说，电流在医学上的应用是安全的，但一定不要在无专业人士看护、无保护措施的情况下直接接触外部电流，以免造成危险后果。

电在神经传导中起什么作用

电在人体中主要是由神经传导产生的。那么电在神经传导中具体起什么作用呢？

神经传导能传到身体各个部位，难道是因为神经细胞特别大，涵盖了身体中的所有部位？当然不是，神经系统由无数个神经细胞组成，每个神经细胞都有像触手一样的叫作轴突和树突的突起，轴突要比树突长许多，便于在人体中传递信号。树突用于接收上一个细胞的信号，再经过轴突传递给下一个。而那些所谓的信号，就是电信号。一个神经信号，称作神经冲动。

在大多数时候，神经细胞细胞膜两侧的钠离子浓度不一样，导致膜两侧产生电压，内部是负电压，外部是正电压。在对局部进行刺激时，细胞膜上的钠离子变得兴奋，钠离子向细胞内部大量流动，于是这部分的电压变为外面负电压，里面正电压。而电流是由正电压流向负电压，于是在局部产生了电流，电流沿着轴突传向下一个细胞。因为是在不同的细胞间传递，所以在两个神经元之间传递的神经冲动，都要经过一个叫作突触的部位进行转化。

所谓突触，就是前一个神经元的轴突、下一个神经元的树突快要接触的地方的一个整体结构。在这个结构里，当神经冲动到达轴突末端，由于电信号的刺激会产生一种化学物质，释放到轴突与树突的间隙并向树突移动，树突上有特殊的载体能够识别这种化学物质，根据化学物质的种类，下一个神经元做出兴奋或者抑制的反应。

▼ 神经元细胞

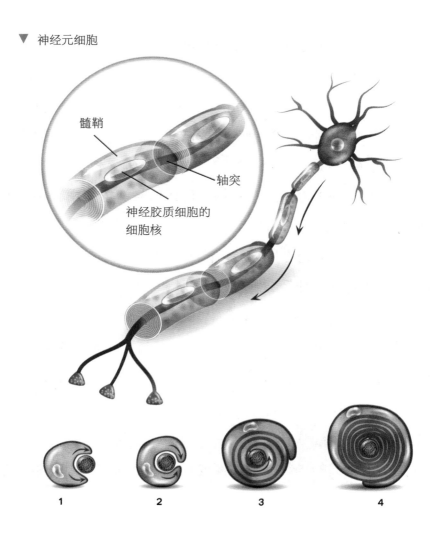

静电能被我们"看到"吗

　　静电是我们日常生活中广泛存在的现象，可是大家不一定对静电有所了解。

　　静电是一种处于静止状态的电荷或者说不流动的电荷，如果电荷流动就会形成电流。

　　我们知道电荷是一种粒子，看不见也摸不着，那么我们是如何来感知它的呢？其实靠的就是静电引起的一系列现象。比如在干燥多风的秋冬时节，人们常常会碰到静电：晚上睡觉脱衣服时，尤其是毛衣，黑暗中常听到"噼啪"的声响，而且伴有蓝光；人

▼　特斯拉球体在释放静电

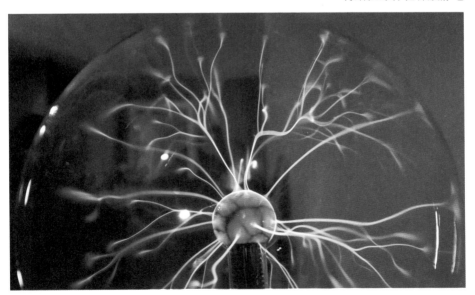

们见面握手时，手指刚一接触到对方，会突然感到被针扎一样刺痛；早上起来梳头时，头发会经常"飘"起来，越理越乱；拉门把手、开水龙头时都会"触电"，时常发出"啪、啪"的声响——这些都是发生在人体身上的静电。通过这些现象我们就"看到"了静电。

那么静电是如何产生的呢？原因其实很简单，静电可以通过摩擦引起电荷的重新分布而形成，当然也可以由电荷的相互吸引引起电荷的重新分布而形成，总之是电荷要达到一种电子分布不平衡的状态。

小贴士

你可以尝试一下，双手摩擦后是否可以吸附轻薄的纸屑。在这些神奇的现象中，我们不但能感知到静电，还会感到其实科学真的离我们非常近。

静电能被制造出来吗

大家现在应该对静电充满了好奇心，那么大家想不想制造静电呢？静电的制造方法大致分为摩擦起电、感应起电两种，那么具体如何实施呢？

▲　感应起电

让我们来了解这两种方式的原理。摩擦起电简单地说就是用摩擦的方法使两个不同物体带电的现象，或者说是两种不同的物体相互摩擦后，一种物体带正电，另一种物体带负电的现象。摩擦起电是电子由一个物体转移到另一个物体的结果，使两个物体带上了等量的电荷，其本质是电荷的转移。如果我们想通过这种方式制造静电，就要在一个相对干燥的环境下实验（阴雨天会大大影响实验效果），然后利用一些容易起电的材料相互摩擦，最后要通过静电所具有的特殊现象进行验证，比如头发、纸屑，都可以用来验证静电的生成。

感应起电指的是物体在静电场的作用下，发生的电荷再分布的现象。也就是说，在带电体上电荷的作用下，导体上的正负电荷发生了分离，使电荷从导体的一部分转移到了另一部分。生活中我们要想用这种方法制造静电是比较困难的，我们必须先将两导体相连接放入电场中产生静电感应，在两导体感应出正、负电荷后，使两导体分离后再移出电场，两导体分别带正、负电荷才会有静电产生。

相信你已经对制造静电的方法有了初步了解，不过在操作的时候，最好要有成人陪同哦！

日常生活中怎样消除静电

静电是我们在生活中常见的现象，尤其是在干燥的秋冬季节，常常让人感到不适、烦躁不安。有时，静电甚至会造成其他影响，如屏幕表面的静电容易吸附灰尘和油污颗粒，时间久了会形成一层薄膜似的尘埃堆积，影响清晰度和亮度。日常生活中，一定要注意减少静电对人的不良影响。你知道有哪些消除静电的方法？

注意保持室内空气湿度尽量不低于30%。过于干燥，有利于实现摩擦产生静电。在湿度高于45%的环境中，很难感受到静电。在干燥的时节，可以尝试多洒水，种些花草、绿植，或用加湿设备增加室内空气湿度。

如果要接触金属物品，要记得提醒自己先去除手上的静电。如在摸金属把手、碰铁柜子前，可以想办法把手弄得湿一点，或者让手摸一下墙。当然，用钥匙、指甲刀等小金属物品先触碰一下也是可行的。

小贴士

在秋冬季节建议大家尽量穿棉质衣、裤，要勤洗、勤换，尽量不穿化纤类服装，这样可有效消除身体表面积聚的静电。家居物品也尽量用棉质面料。

人们对静电的利用有哪些

我们知道静电有一定的危害性，那么我们能不能利用静电为生活提供便利呢？大家可能对静电在生活中的应用比较陌生，但是静电的作用却是不可忽视的，比较重要的应用有静电除尘、静电复印、静电喷涂等。

静电除尘是气体除尘的一种方法，一般应用于净化器，它的工作原理并不复杂，含尘气体经过高压静电场时被电分离，尘粒与负离子结合带上负电后，趋向阳极表面放电而沉积。静电除尘相比一般的除尘方法具有效率高、范围广、耗能低、可远距离操作等优点，为我们的生活提供了很大的便利。

静电复印是利用静电感应原理获得复制件的方法，它区别于

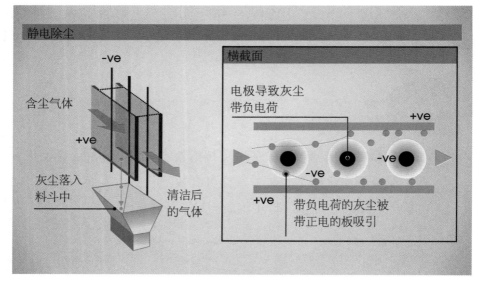

▲ 静电除尘示意图

早期的传统复印，一般要通过照明和聚焦成像，静电显影，转印和定影三步骤完成。如果用卡尔逊静电复印法则麻烦些，需要通过充电、曝光、显影、转印、分离、定影、清洁、消电 8 个步骤。静电复印的出现大大方便了我们的生活，降低了复印成本，大大提高了工作效率。

静电喷涂是利用高压静电电场的原理，使带负电的涂料微粒沿着与电场相反的方向定向运动，并将涂料微粒吸附在工件表面的一种喷涂方法。静电喷涂设备通常由喷枪、喷杯以及静电喷涂高压电源等组成。这种方法不仅不含溶剂，无"三废"公害，而且效率高，还改善了劳动卫生条件，适用于自动流水线涂装，这样一来粉末可回收使用，利用率就大大提高了。

电是如何让机械动起来的

　　炎热的夏天，闷热的空气总是让我们大汗淋漓。这时候，将电扇插上电源，打开开关，就会看到电扇转动起来，带给我们持续的风，给我们降温。小时候我们经常和小伙伴们一起玩四驱车，装上电池打开电源开关后，就能看到车轮转动，只要一放到跑道里，四驱车就能飞快地在跑道里运动。这些，都是如何实现的呢？

　　我们知道，大自然中存在着许多的能量。电，只是其中一种能量，我们称之为电能。另外还有热能、光能、生物能、化学能、

▲ 将电能转化成机械能的电动机

核能、动能等许多种能量。动能是我们最常见的能量之一，也称机械能，所有处在机械运动状态下的物体，都具有机械能。

　　电扇就是由电动机带动转动的。电扇通电以后，借助固定的强磁场，通电的线圈会在磁场中偏转，带动线圈的轴转动，当转过 180 度时，通过换向器使线圈中的电流转换方向，线圈就能继续在磁场中转动。这样一来，电动机就能把电能转化为机械能，使轴转动，固定在轴上面的风叶也就一起转动，就能产生凉爽的风。

小贴士

　　我们经常玩的四驱车，也运用了这个原理，电池提供电，将电池中储存的电能转化为机械能，来驱使四驱车在跑道上运动起来。电为我们的童年提供了多姿多彩的娱乐活动，也为我们的现代社会的发展提供了强有力的支持。

电是怎样帮助我们取暖的

　　空调、电暖器、地热供暖、煤气供暖等冬季取暖方式，已进入寻常百姓家，我们防寒御暖的方式从单一的燃煤供暖，转变为以电力为主，燃气、燃煤、地热等为辅的多元化的取暖方式。现

◀ 电暖气

在市场上销售的电力取暖器有空调式、暖气片式、风扇式等数十种，此外还有日常生活中常用的暖手宝、电热水袋、电热毯等取暖设备，多种多样的取暖产品为抵御寒冷提供了多重选择。那么，电力是如何提供热能的呢？

其实它的工作原理很简单。常见的电极式电暖宝是在固体电热饼的基础上改进的，采用电极式加热方法储能和释放热能、用优质控温与热熔断器双重温控保险。在正常情况下，当电暖宝内液体温度达到 65 摄氏度时，温控器会自动切断电路，停止加热。其加热时间较短，为 2 ~ 8 分钟。其他电力取暖器的原理也大同小异。当然了，我们在使用的过程中一定要注意取暖器的选择和存放，以免发生火灾，给我们的人身和财产安全造成危害。

电力取暖给我们的生产和生活带来很多方便，科研工作者及

147

工业企业也在积极地对其进行开发和利用，我们会越来越多地享受到电力为我们带来的无穷无尽的温暖。

水流可以"生出"电流吗

水力发电是利用河川、湖泊等位于高处具有位能的水流至低处，将其中所含的位能转换成水轮机的动能，再借水轮机为原动机，推动发电机产生电能的过程。这样，水流就"生出"电流了！水力发电在某种意义上讲是将水的势能变成机械能，再变成电能的转换过程，然后经过变电和输配电设备将电流运送到用电设备上。

水力发电所获得的是一种清洁的能源。水能为自然界的再生性能源，随着水文循环周而复始，重复再生。水力发电在水能转化为电能的过程中不发生化学变化，不排放有害物质，对环境影响较小。水力发电只是利用水流所携带的能量，无须再消耗其他动力资源，因此发电成本较低。兴建水电站，需要筑坝拦水，形成了水面辽阔的人工湖泊，通常还兼有防洪、灌溉、航运、给水等功能。

水力发电是目前最成熟的可再生能源发电技术，在世界各地得到广泛应用。中国水电资源得天独厚，堪称世界第一，我们要综合评估能源效益、环境影响、社会效益等各方面，让水力发电技术在供电系统中被充分利用起来！

▲ 水坝

▼ 水电站里的涡轮机

第七章

神奇的
磁与电磁

　　风雨交加之夜，一道闪电划过天际，那是电。当两块磁体不期而遇，它们彼此相互依赖、不离不弃，时而吸引，时而排斥，那是磁。电是一种现象，是一种能量，磁是一种性质，是物质的属性，当电遇上磁，它们就会产生无穷的能量。

　　电磁是一种物质同时具有电性和磁性的统称，它通过电磁场来进行能量之间的交换与传递，虽然这种场我们看不见又摸不着，但它却的的确确存在，并且发挥着巨大的作用。电磁现象可以分为电磁感应和电磁波，电磁感应可以将磁的能量转换为电的能量，这在物理学史上是一个重大的突破。电磁波是我们进行远程通信

的基础，我们就是通过这样一个小小的电波联系彼此的。下面，让我们一起来了解一下吧！

磁是什么

　　我们最先感受到"磁"，源于小时候对磁铁（俗称吸铁石）的接触。当吸铁石接触铁制品就会把它们牢牢吸住。而这里我们了解的吸铁石就是所谓的磁体，它有两个"磁极"，分别叫作 N 极和 S 极。磁极之间有相互作用，即同性相斥、异性相吸。它们之间的相斥和吸引现象就是磁现象，它们之间的力就叫作"磁"。

　　地球就如同一块巨大的磁体，它的 N 极在地理的南极附近，而 S 极在地理的北极附近。如果把一块长条形的磁铁用细线从中间悬挂起来，让它自由转动，那么，磁铁的 N 极就会和地球的 S 极互相吸引，磁铁的 S 极和地球的 N 极互相吸引，使得磁铁方向转动，直到磁铁的 N 极和 S 极分别指向地球的 S 极与 N 极为止。这时，磁铁的 N 极所指示的方向就是地理的北极附近。人们利用这一原理制成了指南针。虽然人类很早就了解到磁现象，但是直到近代，人们对磁现象的认识才逐渐地系统化。在这个过程中，人们依据磁理论，也发明了很多电磁仪器和设备，像电脑、手机、发电机、电动机等。现在，磁技术已经渗透到了工农业技术和科技信息技术的方方面面。我们的日常生活也越来越离不开磁性材料了。

◀ 磁铁

小贴士

　　古时候，人们把磁石吸引铁看作慈母对子女的吸引。而且认为，石是铁的母亲，但石有慈（爱）和不慈（爱）两种，慈爱的石头能吸引她的子女，不慈爱的石头就不能吸引。在汉代以前人们把"磁石"写作"慈石"，就是慈爱石头的意思。

　　既然磁石能吸引铁，那么它是否还可以吸引其他金属呢？我们的先人做了很多尝试，确认磁石不能吸引金、银、铜等金属，同时也不能吸引砖瓦之类的物品。在西汉的时候，人们已经认识到磁石只能吸引铁，而不能吸引其他物品。

磁的作用是如何被西方人发现的

在 18 世纪，欧洲人发现电荷有两种：正电荷和负电荷。到了 19 世纪前期，著名的物理学家奥斯特发现电流可以使小磁针偏转。而后安培又发现使小磁针偏转的作用力的方向和通过导线的电流的方向相互垂直的现象。此后不久，法拉第又发现，当磁棒插入导线圈时，导线圈中就可以产生电流。这些实验结果表明，在电和磁之间存在着紧密的联系。人们认识到电磁力的性质在某些方面与万有引力有着相似之处，但又不完全相同。因此法拉第引入了"力线"的概念，认为电流产生围绕着导线的"磁力线"，电荷向各个方向产生"电力线"，并在此基础上定义了电磁场的概念。

到 19 世纪下半叶，麦克斯韦将位移电流的概念引入电磁场，从而得出宏观电磁现象的规律。这个规律的核心思想简单来说就是：变化着的电场可以产生磁场；变化着的磁场也可以产生电场。

地磁场是什么

我们出生在地球上，成长在地球上，可是我们对地球到底又了解多少呢？地球有磁性吗？

▲　地磁场

▼　电生磁的实验

地球有磁性，我们把这样一个整体叫地磁场。地磁场有很大的作用，比如在行军、航海时人们经常用指南针来定向，而指南针之所以能定向则是因为地磁场；再比如，可以根据地磁场在地面上分布的特征寻找矿藏。当然地磁场也能影响无线电通信，当地磁场受到太阳黑子活动的影响而发生强烈扰动时，远距离通信将受到影响，严重时甚至中断。地磁场还有一个保护作用，它可以阻止太阳风的攻击，因此地磁场有"地球保护伞"之称。

关于地磁场的早期描述，可见于中国宋代科学家沈括的《梦溪笔谈》，上面记载"方家以磁石磨针锋，则能指南，然常微偏东，不全南也"。因此沈括被称为历史上第一个从理论高度来研究磁偏现象的人。但是将这个理论系统化的则是英国人吉尔伯特，他把当时许多有关磁体性质的事实都记了下来，收录在《磁体》中。

世界上其实有很多谜团都和地磁场有关系：比如指南针指南现象、电闪雷鸣的恶劣天气等，都在等着你一探究竟哦！

奥斯特是怎样发现"电生磁"现象的

最早的时候，物理学界是把电和磁分开研究的，物理学家认为电和磁是彼此独立毫无联系的两样东西。但是现在我们都是把电和磁放在一起研究的，那么这种变化之间到底存在着哪些鲜为人知的故事呢？

　　说到电与磁之间的联系，我们不得不提到一个人，他就是汉斯·奥斯特。奥斯特是丹麦物理学家，他对药物学、天文、数学、物理、化学都有所涉猎。他还是一位思想家，对康德哲学深信不疑，故事的起因也要从这里说起。在康德哲学中有这样一种思想，认为各种自然力都来自同一根源，可以相互转化，据此奥斯特认为电和磁也一定有千丝万缕的联系，于是他开始了一次又一次的实验。1820 年，奥斯特抱着试试看的想法把一条非常细的铂导线放在一根用玻璃罩罩着的小磁针上方，接通电源的瞬间，他发现磁针跳动了一下。这一跳，使有心的奥斯特喜出望外，竟激动得在讲台上摔了一跤。这以后奥斯特又反反复复做了许多次实验，终于发现了规律，就是我们后来说的电流的磁效应。

小贴士

　　奥斯特的发现无疑是电生磁现象的一座里程碑，两个月后安培发现了电流间的相互作用。后来，阿拉果制成了第一个电磁铁，施魏格发明了电流计。那些真正重视奥斯特发现的人都获得了成功。

法拉第是怎样发现"磁生电"现象的

　　就在奥斯特发现电流能够吸引磁针运动而震惊世界的时候，科学家们又开始思考磁铁能不能使导线中产生电流的问题。于是又一位伟大的科学家进入人们的视野，他就是英国物理学家法拉第。

　　人们很早就发现磁体能使附近的铁棒产生磁性，并且带电体也能使附近的导体感应出电荷，因此法拉第认为电磁之间必有联系。然而这条道路注定是艰苦的。在他之前，安培、科拉顿等著名科学家在这方面的探索都以失败告终，但是法拉第对磁生电的奥秘却是念念不忘。

　　法拉第曾经集中精力做过三次实验，但是都以失败告终。这是因为他用的一直都是恒定电流产生的磁场，然后再看这个磁场会不会产生感应电流。功夫不负有心人，1831年法拉第终于发现了磁生电的奥秘，即磁生电现象只有在电流变化的过程中才会出现。于是他把一个线圈接到电源上，另一个线圈接入电流表，在给一个线圈通电或断电的瞬间，另一个线圈就出现了电流。后来经过一系列的发展完善，法拉第提出了电磁感应理论，也就是我们现在说的法拉第电磁感应原理。

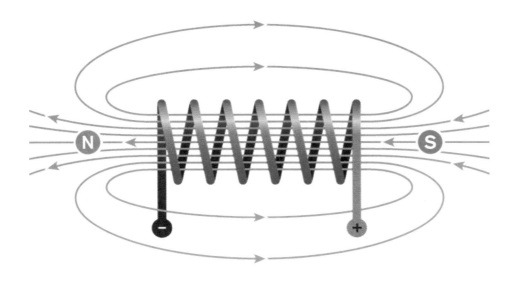

▲　磁生电示意图

小贴士

　　法拉第曾对年轻人说："希望你们年轻的一代，也能像蜡烛为人照明那样，有一分热，发一分光，忠诚而脚踏实地地为人类伟大的事业贡献自己的力量。"

　　他用实际行动践行了自己的信念。我们应该向这样一位科学英雄致敬，当然更应该从他的经历中学习优秀的品质。

电磁铁是如何吸引物体的

在垃圾处理厂，有这样神奇的景象：一个普普通通的大铁块居然能在不接触垃圾的情况下，把垃圾中的铁吸引出来！而在列车轨道上，磁悬浮列车不需要轮子就能在轨道上奔驰，电磁继电器可以自己控制开关。这些都是电磁铁在发挥作用。电磁铁有一种神奇的魅力在吸引着人们。

起重电磁铁是由美国科学家亨利发明的，虽然当时的电磁铁功效并不好，但是依然能吸引起1吨重的铁块。电磁铁是一种通

▼ 电磁铁将垃圾中的铁制品吸了出来

电产生电磁的装置，它一般被制作成条形或蹄形，中间常常加一根铁棒用于加强磁性。电磁铁可以通过电来产生磁力，这就是它可以吸引物体的原因，利用这种性质可以很容易地将其磁性启动或是消除。

　　电磁铁的应用领域非常广泛，它可以作为起重器，为工业提供强大的动力，比如吊运钢板、货柜、废铁等。它也是自动化控制设备中的主力军，没有它自动化工程将难以开展。同时像我们生活中常见的电话、磁悬浮列车、电铃等也离不开电磁铁。电磁铁之所以发展这么快也和它自身的优点有关系：磁性的强弱可以改变，磁性的有无可以控制，磁极的方向可以改变，磁性可因电流的消失而消失，这是很多其他东西无法替代的。

你知道电磁炉为什么能加热食物吗

　　电磁炉又被称为电磁灶，是现代厨房革命的产物，它不需要明火或传导式加热而让热直接在锅底产生，因此热效率得到了极大的提高。

　　第一台家用电磁炉在 1957 年诞生于德国。1972 年，美国开始生产电磁炉，20 世纪 80 年代初，电磁炉在欧美及日本开始热销。到了 90 年代初，电磁炉才开始导入中国市场，在 1999 年之后才得到较大的发展。

　　电磁炉是采用磁场感应涡流加热的原理，利用电流通过线圈产生磁场。当磁场内的磁力线通过金属器皿的底部时会产生无数小涡流，使器皿本身自行高速发热，然后再加热器皿内的食物。其神奇之处就在于炉面的陶瓷表面不会发热，而锅具自行发热，并煮熟锅内食物。电磁炉的温度最高可达 240℃。电磁炉的热效率极高，煮食时安全、清洁、无火、无烟，更不会导致气体中毒。

汽车车速表为什么能记录汽车的速度

在第二次工业革命中，德国的卡尔·本茨和美国的亨利·福特相继发明了汽车。但是汽车出现的初期，车速测量仪还只是车辆的一个选配件，测量车速还没有被人们所重视。具有现代意义的车速表的发明是在汽车被发明好几年以后才出现的。

1902 年，德国的一名大发明家利用电涡流这种原理成功地研制出适用于道路车辆的车速表，常见的汽车车速表可分为两种，即传统的机械式车速表和电子车速表。利用电磁记录汽车速度的车速表显然属于机械式车速表。它利用磁电互感作用，使车速表内带指针轴的转盘，带永久磁铁的转轴、轴承、游丝等零件组成的一套系统操控指针的摆动，再通过指针摆动来显示汽车的行驶速度。汽车的行驶速度越大，带永久磁铁的转轴产生的磁场越大，从而指针的摆动越大，在车速表上面显示的速度也就越大。

但是机械式车速表不可避免地会由于电磁传感器老化、零件误差、车速表质量不高、轮胎气压不符合规定，或轮胎磨损等因

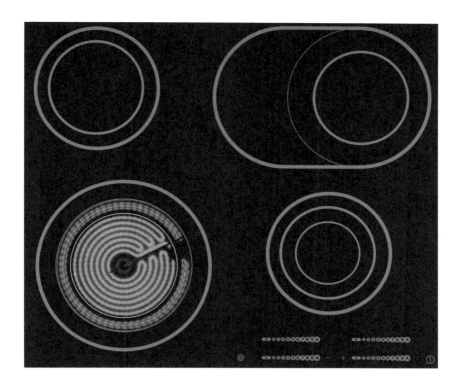

▲ 电磁炉利用磁场感应涡流加热　　　　　　　▼ 车速表

素而引起车速表的指示车速与实际车速不符。因此，我们在现实生活中要注意这方面的安全，及时检查，防止意外发生。

电磁炮与传统大炮有什么不同

19 世纪，科学家们发现了磁场中的电荷和电流会受到洛仑兹力的作用。20 世纪初，有人提出利用洛仑兹力发射炮弹的设想。在两次世界大战中，法国、德国和日本都曾研究过电磁炮。第二次世界大战以后，其他国家也陆续开始进行这方面的研究。那什么是电磁炮呢？

▼ 电磁炮

　　电磁炮是利用电磁发射技术制成的一种先进动能杀伤武器。与传统大炮将火药燃气压力作用于弹丸不同，电磁炮是利用物理学中运动电荷或载流导体在磁场中受到电磁力即洛仑兹力作用的基本原理来加速弹丸的。

　　电磁炮作为一种新概念火炮，与传统的火炮相比有根本性区别：火炮是利用火药燃烧产生的燃气压力，作用于弹丸来发射的；而电磁炮是利用电磁力作用，将弹丸发射出去，这样，可大大提高弹丸的速度和射程。电磁炮的弹药填充方式也不同于一般火炮，它可以通过调节电能输入来改变射程，无须改变射角。这样，可以在短时间内连续发射炮弹，攻击不同距离上的多个目标，还能有效地拦截空中快速目标。电磁炮不仅可以发射炮弹，也可以用来发射导弹。此外，电磁炮生存能力强，炮弹几乎不填装火药，可以减少炮弹在制造、运输、储存方面的安全隐患。

电磁也能熔炼金属吗

　　电磁是否能熔炼金属这个问题，还得从电磁说起，根据麦克斯韦的电磁理论，电磁分为电磁场和电磁波。而电磁之所以能熔炼金属的主要原因就是电磁场。简单来说就是利用电磁场内不同大小的磁力使金属表面发生变化甚至分离的原理来实现的。悬浮熔炼装置就是利用的这种原理。

　　根据奥斯特的电磁感应原理，一个悬浮感应器线圈通入交变电流以后，会在线圈周围产生一个磁场。当人们把一块金属放入这个迅速变换、不均匀的磁场内时，由于电磁感应的作用，导体表面会产生一种肉眼看不到的涡流。这种涡流会产生磁场，其方向刚好与线圈产生的磁场方向相反，从而产生一个排斥力。当这个排斥力的垂直分力大于金属重量时，就可以把金属块悬浮在空中，从而使金属外层慢慢开始分离并悬浮起来，长时间的这种作用就使整块金属分离开来，从而达到熔炼的目的。

当今利用电磁熔炼金属的专利层出不穷，但主要的原理还是利用电磁感应现象中涡流加热的方法来进行熔炼的，随着科技的进步和发展，相信以后熔炼金属的方法会更多，更成熟。

磁悬浮列车有轮子吗

一辆在轨道上疾驰的列车竟然没有轮子，这是真的吗？磁悬浮列车的确不需要轮子。那么它是靠什么跑得那么快呢？

磁悬浮列车是一种靠磁悬浮力（即磁铁的吸力和排斥力）来推动的列车。由于其轨道的磁力使之悬浮在空中，行走时不需接触地面，因此只受到来自空气的阻力。我们在前面已经了解电磁体具有"同性相斥，异性相吸"的特性，该特性让磁铁具有抗拒地心引力的能力。磁悬浮列车正是利用这一特性，使车体悬浮在距离轨道约 1 厘米高处，悬空行驶。

磁悬浮技术的研究源于德国，早在 1922 年，德国工程师赫尔曼·肯佩尔就提出了电磁悬浮原理，并在十几年后申请了磁悬浮列车的专利。德国的磁悬浮技术比较成熟，2001 年中德合作开发上海磁悬浮列车专线，这是世界上第一段投入商业运行的高速磁悬浮列车专线，设计最高运行速度为每小时 430 千米，仅次于飞机飞行速度。

小贴士

　　由于磁悬浮系统凭借的是电磁力，一旦断电，磁悬浮列车可能会发生严重的安全事故。磁悬浮列车目前也不是完美的交通工具。

▼ 磁悬浮列车

Wi-Fi 是什么技术

Wi-Fi 是一种可以将个人电脑、手持设备等终端以无线方式互相连接的技术。事实上它是一个高频无线电信号，中文名字叫作无线保真。无线保真技术最常见的就是一个无线路由器的装置，那么在这个无线路由器电波覆盖的有效范围内都可以采用无线保真连接方式进行联网。几乎所有平板电脑、智能手机和笔记本电脑都支持无线保真上网，这是当今使用最广的一种无线网络传输技术。

其工作原理是把有线网络信号转换成无线信号，然后使用无线路由器供支持其技术的相关平板电脑、智能手机和笔记本电脑等接收。手机如果有无线保真功能，在有 Wi-Fi 无线信号的时候就可以不通过移动或联通公司的网络上网，省掉了流量费。

虽然无线保真技术传输的无线通信质量不是很好，安全性也不如蓝牙高，但是由于其传输速率特别快，所以备受人们青睐，并且可以不受导线的限制，非常适合无线办公。现在基于无线网络技术的无线局域网已经日趋普及，并且大规模地应用于大型公众场合和大型城市。所以无线保真将来有望从一项成功的技术转化为成功的商业模式。

▲ Wi-Fi 技术就是在无线路由器电波覆盖范围内进行数据传输

为什么微波能用来通信

手机响了，我们拿起来就可以听到对方的声音；想听广播时，调好频道就能知晓最新的新闻信息。我们的生活之所以如此方便而快捷，在很大程度上是电磁波的作用，它可以帮助我们快速地传递各种信息。微波是目前应用得最广泛的电磁波。微波通信是一种综合技术，将信号以频率在 300MHz ~ 300GHz 的微波作为载体传输。这种技术现在被运用到军事、科学研究等各个方面。

微波属于电磁波中的一种，是波长从1毫米到1米（不包括1米）的电磁波的有限频带。微波的频率比无线电波频率高，所以也被称为超高频电磁波。微波和光一样是直线传播的，速度和光一样，它所进行的是视距传播。微波通信具有微波、多路、接力的特点。信息源通过其内部特定的装置把图像、声音等信息转换成电磁波然后发射出去，另一端的接收设备在接收到特定的微波后再将这些电磁波转换成特定的图文信息还原回来，这样我们就能全面而快速地接收到信息了。

因为微波具有传播速度快，承载的信息容量大，而且经过多次中转之后还能保证信息的质量的特点，所以被广泛应用于各种电信业务的送达。

▼ 手机信号发射器

光也是电磁波吗

　　光是人类眼睛可以看见的一种电磁波。光可以在真空、空气、水等透明的物质中传播。按照科学上的定义：光是一种处于特定频段的光子流。光是由一种称为光子的基本粒子组成，具有粒子性与波动性，或称为波粒二象性。

　　人类肉眼所能看到的可见光只是整个电磁波谱的一部分。光分为自然光和人造光，如太阳光与激光。光源可以分为三种：一是热效应产生的光，如太阳光；二是同步加速器发光，如原子炉发光；三是原子发光，如霓虹灯等。"光在本质上是电磁波"的理论是由麦克斯韦提出的。他指出电磁辐射不仅与光相同，并且其反射、折射以及偏振的性质也相同，所以麦克斯韦的理论研究表明，空间电磁场是以光速传播的。

　　当一束光投射到物体表面时，会发生反射、折射、干涉以及衍射等现象。光是地球生命的来源之一，是人类认识外部世界的工具，是人类生活的重要基础，也是信息的理想载体或传播媒质。据有关统计，人类感官收到外部世界的总信息中，至少有90%是通过眼睛对光信息的感知。

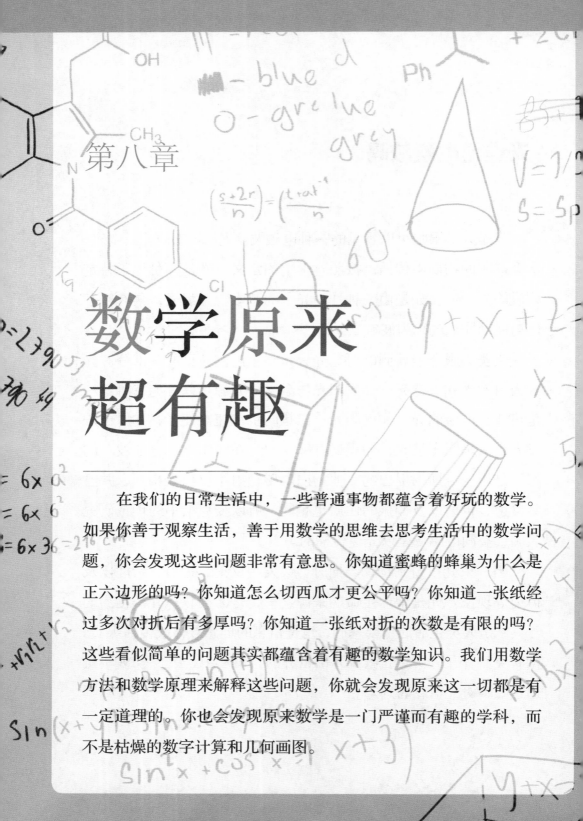

第八章

数学原来超有趣

　　在我们的日常生活中，一些普通事物都蕴含着好玩的数学。如果你善于观察生活，善于用数学的思维去思考生活中的数学问题，你会发现这些问题非常有意思。你知道蜜蜂的蜂巢为什么是正六边形的吗？你知道怎么切西瓜才更公平吗？你知道一张纸经过多次对折后有多厚吗？你知道一张纸对折的次数是有限的吗？这些看似简单的问题其实都蕴含着有趣的数学知识。我们用数学方法和数学原理来解释这些问题，你就会发现原来这一切都是有一定道理的。你也会发现原来数学是一门严谨而有趣的学科，而不是枯燥的数字计算和几何画图。

蜜蜂蜂巢的房孔为什么是正六边形的

　　著名生物学家达尔文曾赞叹："蜜蜂的蜂巢是自然界最令人惊讶的神奇建筑。"为什么一个小小的蜂巢会让知名科学家有如此的惊叹？这跟蜂巢的构造十分精巧有关。蜂巢由无数个大小相同的正六边形房孔组成，每个房孔都被其他相邻房孔包围，两个房孔之间隔着一堵蜂蜡制成的"墙"。令人惊讶的是，房孔的底部既不是平的，也不是圆的，而是尖的。更有趣的是，世界上所有蜜蜂的蜂巢都是按照这个统一的模式建造的。大家一定想知道，为什么蜂巢是正六边形的呢？

　　留心观察可以发现，蜜蜂属于群居动物，一个蜂巢里面会有很多蜜蜂，它们都住在这么一个排列有序的蜂巢里。蜂巢房孔之间的"墙"是用蜂蜡做成的。据估计，工蜂采集 1 千克的花蜜至少需要飞行十几万千米，而蜂蜡的得来更是不易，可能需要工蜂飞行上百万千米采蜜才能获 1 千克。所以，蜜蜂筑巢的时候，需要尽可能地节省这些珍贵的蜂蜡。蜂巢作为蜜蜂的家，它必须坚固、有足够的房孔让每一只蜜蜂都可以舒适地居住。那么，什么结构的蜂巢房孔最多、用料最省而且最坚固呢？

　　科学家们发现，正六边形的建筑结构，密合度最高、需要的材料最少、空间最大。这种紧密的结构能够承受的冲击力也比其他结构大，因此也最为坚固。蜂巢的房孔是正六边形，蜜蜂的

◀ 蜂巢

身体是圆柱形，蜜蜂在房孔中，既不会觉得过于宽松，也不会觉得拥挤。

商家促销活动的数学原理是什么

　　每逢节假日，商场会适时开展各种各样的促销活动，使得整个商场都非常热闹，人山人海。这些促销活动大概可以分为满额送券（如满 500 元送 300 元购物券等）类、有奖销售类、打折销售类、免费试用试吃类、买一赠一类等等。

　　作为消费者，我们应该怎么去看待这些促销活动呢？商场为

▲ 促销对商家来说不会是赔本买卖

什么要开展这些看似亏本的活动呢？你是否知道这些促销活动也包含着数学原理呢？

满额送券的促销活动，比如"满 300 元送 200 元券"，是为了吸引消费者购物，你原来的消费额不到 300 元，但是受到活动的吸引，你愿意花的钱就会超过 300 元，而购物券的使用往往有一定的条件，要想用它，需要花出更多的钱。这就是促销中的数学原理。

比如，李叔叔用 690 元买了一件上衣，得到 400 元购物券，觉得很划算。购物券过期作废，再次购买时只能用一半的现金和一半的购物券，于是李叔叔花费 224 元现金用了 224 元购物券买了一件价值 448 元的衬衫，还剩下 176 元的购物券，于是他用 170 元现金和 170 元购物券买了一双 340 元的皮鞋。我们算一下李叔叔一共得到多少优惠。商场无促销活动时的计算结果是 690+448+340=1478（元）；商场促销活动时的计算结果是 690+224+170=1084（元）。1084÷1478 ≈ 73.34%，大概是七三折。其实平常商场就有八折销售的活动，现在消费者花一定的钱才能得到购物券这类促销，再加上广告等因素，逛商场的人多了，商品卖得就多了，商家可能赚得更多了。

不论是有奖销售、打折销售，还是免费试用，都是可以用数学知识去估算的。我们应该冷静地看待促销。你会用数学原理解释一下其他促销活动吗？

双手如何计数

"儿童的智慧集中在手指尖上。"双手计数可以使我们集中注意力，协调左右脑。我们用双手计数，可以计算一些简单的数字，也可以更为直观地认识到十进位制计数法。用双手计数体现了寓教于乐，在生活中学习，在学习中得到快乐，也可以激发学生们学习的兴趣。

双手计数的方法有很多种。有一种计数方法是用左手表示十位，右手表示个位。这样可以对 100 以内的数字进行计数。这种计数的缺陷就是不能计数大于 100 的数字。例如，给定一个数字 53，你就可以左手伸出五根手指，右手伸出三根手指，来表示 53 这个数。之所以左手表示十位，右手表示个位，是因为我们日常生活中的计数从右起是个位、十位等。当然，从 6 到 9 和 0 这些

▲ 用手计数

数字也可用专门的手势表达。

　　还有另一种计数方法，可以是单手计数，也可以是双手计数。以单手计数为例，从大拇指开始，到小拇指依次是 1、2、3、4、5，而后折返过来从小拇指到大拇指，依次是 5、6、7、8、9，然后再重复以上计数规律。这样，大拇指对应的数字分别是 1、9、17……，食指对应的数字依次是 2、8、10……，其他手指对应的数字类推。那么，你能计算出数字 2015 所对应的手指是哪一根吗？你若细心观察，就可以发现，一个数减去 8 得到的数字，跟这个数字在同一根手指上。它们的周期是 8。那么，大拇指所对应的数字应该遵循 1+8×（n−1）这一规律。以此类推，可得小拇指对应的数应该遵循 5+8×(n−1) 这一规律。那么，2015=251×8+7。可得 2015 和 7 所在的手指是同一手指，即中指。

一张纸经多次对折后会有多厚

　　纸，一种很平常的生活用品。笔记本、书本、报刊、产品说明书，都是用纸作为原材料的。纸，随处可见，这么一种看似平常的东西，却有一个有趣的知识是人们容易遗忘的。你有没有想过，经过多次对折后，一张纸会变得有多厚？

　　这个问题其实很早就被人们注意并且解决了。你可能发现，各种纸的厚度是不同的，一张纸的大小也有所不同。所以，两张不同的纸对折同样的次数，厚度可能是不一样的。

　　假设，一张纸厚度是 1 毫米，对折 1 次后的厚度就变成两层纸也就是 2 毫米，再对折，变成 4 层纸是 4 毫米。以此类推可以

▼　折纸

得到多次对折的结果，假设是 n 次就是 2 的 n 次方毫米。如果一张纸的厚度是 m 毫米，那对折 n 次就是 m 乘以 2 的 n 次方毫米。特别说明一下，若不考虑纸张厚度和大小，理论上纸可以无限对折。

但是一般情况，纸折 7 次后就折不动了，原因可能是：纸张太小不好折；厚度较大，不好折；不断反折会让折痕处的"拐角"长度越来越大，当折了 7 次后这个"拐角"就很大了，继续"对折"就很难了，除非你把纸撕开。中央电视台科教频道曾用一张篮球场那么大的薄纸，实现了 9 次对折后就无法继续了。

告诉你一张纸厚度的时候，你能计算出多次对折后纸的厚度吗？

如何切西瓜更公平

说到西瓜，或许你们会遇到一个共同的问题，怎么切西瓜才能更公平？假如有 4 个孩子，如何平分一个西瓜？

假定西瓜是正球体，非椭球状。这个问题很简单，首先，一刀从中间将一个西瓜对半切开，然后再分别对半切两半西瓜，就可以得到 4 瓣同体积的西瓜，4 个人得到的西瓜都是一样的。所以，4 个人可以公平地分西瓜。

那么，假如有三个人，怎么切西瓜更公平呢？理论上，可将一个西瓜纵向平均切成 3 瓣 120° 的扇形。若在切 5 刀的情况下，

◀ 切西瓜

怎么切才能将西瓜平均分给三个人呢？在切完 3 瓣 120° 的扇形西瓜后，再横向切两刀，每个人分到的是原 120° 扇形的三个小部分。没有改变原来平均分配的情况。类似的，一个西瓜怎么平均分给 5 个人？理论上，将一个西瓜纵向平均切成 5 瓣 72° 的扇形，就可以平均给 5 个人。

其实，如何将西瓜平均分配给几个人的问题，只是在理论上可行。现实生活中，几乎不存在正球体的西瓜。众所周知，西瓜的形状大多数是椭球形的，或近似球形的。所以，在现实生活中，几乎不存在平均分配西瓜的解决方法。若大家都喜欢喝西瓜汁，可以将整个西瓜榨成汁，然后将西瓜汁平均分成几份。这种方法巧妙地避开了切西瓜的条件限制。

河堤的截面为梯形的原因是什么

　　生活中我们总会看到各种各样的建筑物，它们有的形状千姿百态，有的固定单一。那你们有没有想过为什么有的建筑物可以做成各式各样，而有的只能做成一个固定的模式呢？

　　相信大家都见过江河旁边修建的建筑吧，那就是河堤。河堤是沿江、河、湖、海岸边或分洪区、围垦区边缘修筑的挡水建筑物。人们修筑堤坝的作用是抵御洪水泛滥、挡潮防浪，保护堤内人身安全和工农业生产的安全。河堤的作用是让水按照人们规定的方

▼ 河堤

向流动，以减少或者避免河流对人类的侵害。河堤作为一种建筑有它独特的形状，即一个固定的模式——梯形。因为液体压强随着深度的增加而增大。越是往下，水的压强越大，破坏力就越大，所以河堤越往下就越厚，这样的河堤抗压能力就越强，这就使得河堤呈上边窄下边宽的梯形形状。有人会问为什么不是直角梯形呢？在河堤内侧是斜坡，另一侧是垂直的，这样不更节省原料和工时吗？其实，河堤两侧都是斜坡，就是为了均衡两侧的压力。若一侧压力过大，另一侧又没有分力，那么，河堤就很容易溃堤。截面是梯形就可以均衡两侧压力，而不容易溃堤，所以河堤的截面为梯形。

河堤形状最重要的还是因地制宜，这要与当地的水流大小、水速快慢、水的汛期、地形地势等相联系。当然河堤的总体还是梯形的，即截面为梯形。

国际象棋棋盘里最多可以放多少米粒

传说在很久以前的古印度时代，有一位国王喜欢通过玩游戏来消遣度日，长此以往，国王渐渐对他王国里的游戏失去兴致。于是，他便下令鼓励人们开发新游戏。后来有一位极其聪明的人发明了国际象棋，这个新游戏让国王沉迷于国际象棋中不能自拔，纷纷找来大臣们挑战游戏。

国王为了奖赏发明国际象棋的人，将他传到王宫，问他想要

▲ 堆满国际象棋棋盘，需要多少米？

得到什么赏赐。于是，发明国际象棋的人对国王说："请赏赐我
一些稻米。至于奖赏多少，请在国际象棋的棋盘中计数。在这张
国际象棋棋盘的第一个小格内，放 1 粒米粒，在第二个小格内放
2 粒，第三个小格内放 4 粒，照这样下去，每一个小格都比前一
个小格多 1 倍。陛下，按照这样的方式，把棋盘上的小格都摆满
米粒。请求陛下把这些米粒作为给我的赏赐。"国王慷慨地答应
后邀请各位大臣一起来见证，而后米粒的计数工作开始了。第一
个小格内放 1 粒，第二个小格内放 2 粒，第三个小格内放 4 粒，
第四个小格内放 8 粒……仆人背了一袋又一袋的稻米还是没有按
照要求数好稻米。国王觉得这不可思议，就让他算出最终需要
多少米粒才能放满整个棋盘。那人列出算式：$1+2+2^2+2^3+2^4+\cdots$

$+2^{63}=2^{64}-1$，将这个结果算出来可得 18446744073709551615 粒米。

这些米粒的数量是非常巨大的。如果用一个宽 4 米、高 4 米规格的粮仓来储存这些米粒，那么这个粮仓需要 3 亿千米长，相当于绕地球赤道约 7500 圈。

阿基米德是怎样判断王冠真假的

"给我一个支点，我就能撬动整个地球。"这是阿基米德的一句名言。这句话是对杠杆原理的一种具体化描述。不过经过后人证明，假如存在这样一个支点，也存在一根足够长的杠杆，杠杆的两端分别是地球和阿基米德本人，即使只让地球被撬动 1 毫米，阿基米德也要移动约 10^{20} 米的距离，假如他以光速运动，也要 1 万多年。而人的生命是有限的，所以这句话只是理论上可行。

阿基米德是古希腊著名的哲学家、数学家和物理学家。他一生对数学、力学和天文学都有一定的研究。阿基米德在力学方面确立了杠杆定理和浮力定律。他在数学方面，确定了几种几何体的表面积和体积的计算方法。他也是科学研究圆周率的第一人，还提出了著名的阿基米德公理。

相传，国王怀疑工匠制作的黄金王冠是假的，可是无从证明。所以，国王请阿基米德在不损坏王冠的前提下检验王冠的真假。开始时，他绞尽脑汁也想不出办法。后来，他在浴缸洗浴时发现溢出的水与自身体积有关系。受此启发，他猜测可以用排水量的

▲ 阿基米德用浮力定律测定皇冠的纯度

方法来测定一个物体的体积。他把与王冠相同质量的纯金和王冠同时放进两个盆子里，发现王冠盆中溢出的水比纯金盆中溢出的水多。这说明王冠里掺杂了其他金属，进而证明了王冠不是由纯金打造的。阿基米德也收获了一个重要定理，即浮力定律。浮力定律就是，物体在液体中所获得的浮力等于其所排出液体的重力。

高斯是怎样快速计算 1+2+3+…+99+100 的

"高斯像一只狐狸，用尾巴扫砂子来掩盖自己的足迹。"这是挪威数学家阿贝尔对高斯的评价。（阿贝尔证明了一元五次方

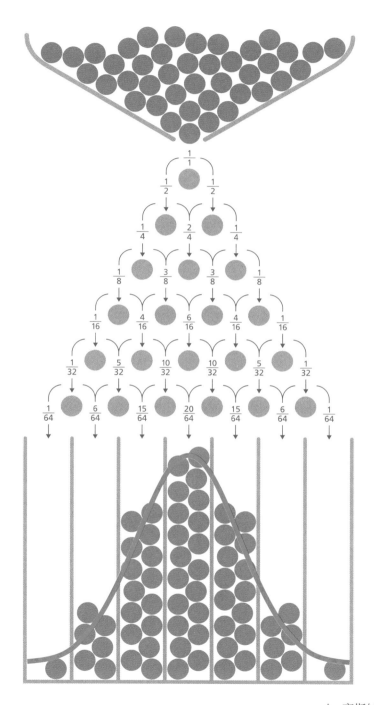

▲ 高斯钟形函数

程的根式解的不可能性。）这一评价是因为高斯一般把推导过程、尝试方案和证明过程掩盖起来，只让别人看到光鲜亮丽的最终结果。高斯被认为是历史上最重要、最伟大的数学家之一。他还有"数学王子"的美誉。你了解高斯吗？

高斯出生在一个德国普通家庭。他父亲曾是一位石匠工头。小时候高斯家里并不富裕，甚至有点拮据。他父亲认为研究学问没什么用处。但高斯从小就显现出聪颖的头脑：3 岁指出父亲账册上的错误；10 岁巧妙算出 1+2+3+…+99+100 的结果；12 岁开始怀疑《几何原本》中的基础证明；19 岁第一个用尺规作图构造出规则的十七边形，等等。这个天才般的少年，拥有传奇的数学研究成果。

在他小学三年级的时候，老师给出"1+2+3+…+99+100＝？"这样一道算术题。高斯在 1 分钟之内就算出了答案，而且是全班唯一快速而正确的答案。他用的是计算等差级数的方法，即将 1+100，2+99，3+98 一直到 50+51，得到 50 个 101，然后用 50 乘以 101 就得到了 5050 的答案。高斯用的这种方法老师从未教过。

1799 年高斯严格地证明了被称为是代数学基本定理的"任意一多项式都有（复数）根"。高斯钟形函数被命名为标准正态分布用于概率计算。他在 15 岁就预测出必然会出现非欧氏几何学科。罗巴切夫斯基几何就是第一个被提出的非欧氏几何。人们为纪念高斯的数学成就，设立高斯奖来鼓励其他数学家进行数学研究。

陈景润和"1+2"有什么关系

　　"陈景润先生做的每一项工作，都好像在喜马拉雅山的山巅上行走。危险，但是一旦成功，必定影响世人。"这是世界数学大师安德烈·韦伊对陈景润的赞赏。陈氏定理的简写形式为"1+2"，那么陈景润证明的结论真的是 1+2=3 吗？还是其他的什么？他被誉为"摘取数学皇冠上明珠的人"的原因是什么？

　　陈景润 1933 年生于福建。他自幼喜爱数学，后毕业于厦门

▼　陈景润塑像

大学数学系。陈景润受到沈元教授的启发，开始了一生追求哥德巴赫猜想的历程。陈景润把一本华罗庚的著作《堆垒素数论》读了 20 多遍，将抽象的数学著作读到滚瓜烂熟，可见他的毅力是非同一般的。有一次他排队理发时，觉得时间宝贵，就去安静的地方研读外文，而后又去图书馆把不懂的知识弄懂，结果完全忘记了理发一事，可见他是多么勤奋好学。陈景润在 1966 年证明了"每个大偶数都是一个素数及一个不超过两个素数的乘积之和"，该论证在哥德巴赫猜想研究上具有里程碑意义，这一成果也被称为陈氏定理，简称为"1+2"。因而他被誉为"摘取数学皇冠上明珠的人"。诗人徐迟所写的《哥德巴赫猜想》，用浪漫的笔调讲述了专业的哥德巴赫猜想。他用"空谷幽兰、冰山上的雪莲、抽象思维的牡丹"等短语来形容数学公式，显得尤为浪漫。

陈氏定理的证明是目前最接近哥德巴赫猜想的证明。这一证明得到了国内外数学界的认同。陈景润在极其艰苦的环境和简陋的条件下，不畏生活的艰难，悉心研究数学。他的执着好学、刻苦钻研的精神值得我们学习。

如何抽签才能公平

抽签有先后，对每个抽签人公平吗？本文所讲的抽签都是不放回抽签。

假如有 5 个人参加抽签，5 只签中只有 1 只签上写着中奖的字样，5 个人依次去抽签。抽签时有先后顺序，这样抽签的结果公平吗？在抽签之前，好像每个人抽中的概率都是 1/5，结果真的是这样吗？第一个人抽签，经过简单计算可知他抽中的概率是 1/5，抽不中的概率是 4/5。若第一个人抽中，其余 4 个人抽中的概率为 0。若第一个人抽不中，第二个人抽中的概率是 1/4 吗？其实，第二个人抽中的概率是在第一个人抽不中的前提之下，即（4/5）×（1/4）=1/5。那么第三个人抽中的概率是多少呢？第三个人抽中的概率是在第一个人和第二个人都抽不中的前提下，即（4/5）×（3/4）×（1/3）=1/5。第三个人抽中的概率也是 1/5。以此类推，计算可得，5 个人抽中的概率都是 1/5，跟抽签前后顺序无关。

先后抽签体现博弈原理。有人认为，后抽签人知道了先抽签人的结果，这个抽签是不公平的；若后抽签人不知道先抽签人的结果，抽签才是公平的。其实，在抽签前排好抽签人抽签顺序的情况下，抽签先后顺序不影响结果，即使知道先抽签人的结果也不影响抽签结果。在没有排好抽签顺序但是也不知道先抽签人结果的情况下抽签，抽签结果也是公平的。

"化圆为方" 神秘在什么地方

还记得在《射雕英雄传》中，老顽童周伯通教黄蓉左手画圆、右手画方的那一幕吗？这种高难度的技巧连聪明伶俐的黄蓉一时也难以掌握。不过，我们今天要探讨的是"化圆为方"这个问题，与黄蓉学的并不是一回事儿。

所谓"化圆为方"，其实是来自古希腊的尺规作图问题，也就是已知一个圆的面积，做出一个正方形使得它的面积等于已知圆的面积。看似简单的题目，做起来就没那么简单了。虽然这个问题自从被提出来已有 2000 多年的历史，但是至今无解。那么，这个问题是怎么来的呢？

早在公元前 5 世纪的雅典，古希腊哲学家阿那克萨哥拉因忠于真理而身陷囹圄。他在透过方形铁窗看着苍穹中圆圆的月亮时萌生出一个想法：透过方铁窗看到的圆月亮形状，两者的面积可以一样吗？后来出狱后，他将这个问题公布于世，引起很多数学家的兴趣，然而没有人能解决这个问题。

在对这个问题的研究中，没有人找到解决方案，也没有人证明这种可能不存在，人们局限于用尺规作图证明的方式无法完成。到了 19 世纪，数学家推动了群论和域论的发展，至 1882 年，数学家林德曼证明了 π 为超越数，说明尺规作图解决该问题是有局限的。

目前，数学界已经认可这个难题用尺规作图是不可解的。但是如果我们放宽尺规作图的条件，如利用希皮阿斯的割圆曲线、阿基米德的螺线等方法是可以做到"化圆为方"的。

你能证明四色猜想吗

　　你知道世界三大数学难题是什么吗？它们是费马猜想、四色猜想和哥德巴赫猜想。这三个问题题目看起来浅显易懂，但其实内涵深刻难解，像哥德巴赫猜想至今尚未解决。下面让我们一起来了解一下四色猜想是怎么回事吧！

　　四色猜想最初是由法兰西斯·古德里在 1852 年提出的。这一猜想源于古德里在绘制地图的实践中，发现只需用四种颜色，就能保证有相邻边界的分区颜色不同。这个猜想在后来的通俗表述中就是："任意一张地图都可以用四种颜色染色，使得没有两

▼　四色猜想

个相邻国家染的颜色相同。"这个猜想在数学家德·摩尔根的推动下，在数学界引起研究热潮，大家感兴趣的是，这个猜想能否用严谨的数学推理证明呢？

1879 年，著名的律师兼数学家肯普在当时并不出名的杂志上发表了对四色猜想的证明论文。大家都认可他的证明，也认为这一难题也就解决了。因为肯普并不是真正的数学家，很多数学家认为该证明并未涉及本质的数学问题，但是肯普的证明在一时间并未被推翻。直到在肯普的证明发表 11 年之后，珀西·约翰·希伍德发表了一篇文章，指出了肯普证明的漏洞。肯普的证明被攻破了，四色猜想又成了难题。

后来的证明接连失败，致使欧洲数学界对四色猜想的研究出现了停滞。四色猜想的旋风从欧洲刮到了美国，终于在 1976 年，美国数学家阿佩尔与哈肯借助计算机完成了对四色猜想的证明——这个历经 120 多年的数学难题终于得到了解决！

富兰克林遗嘱问题——如何分配遗产

大家还记得那个做风筝实验并发明了避雷针的富兰克林吗？富兰克林不仅仅是伟大的发明家，他还是美国著名的政治家、外交家、科学家、慈善家等。这位伟人生前功绩无数，可是他在遗嘱中却回归平淡——要求在其墓碑上刻写"印刷工富兰克林"。有趣的是，他对自己的财产分配是一道有意思的数学问题。下面

▲ 一百美元的钞票

我们一起来了解一下吧！

富兰克林在他的遗嘱中是这样安排财产的："1000 英镑赠给波士顿的居民。……把这笔钱按 5％ 的利率借出。过了 100 年，这笔钱增加到 131000 英镑。……那时用 100000 英镑来建造一所公共建筑物，剩下的 31000 英镑继续生息。在第二个 100 年的年末，这笔钱增加到了 406.1 万英镑，其中波士顿的居民支配 106.1 万英镑，而马萨诸塞州的公众管理剩余的 300 万英镑。"从这份遗嘱中我们可以看出，富兰克林为民着想的精神，不过你可能有所怀疑：富兰克林只是捐赠了 1000 英镑，却可以估计几百年后那么多的收益，有这种可能吗？下面，我们就按照富兰克林的安排计算一下他的规划吧！

假设第 100 年末应有钱为 x_{100}，则有方程式 $x_{100}=1000\times$

（1+5％）^{100}=1000×1.05^{100}。将等式两边同时取对数，lgx$_{100}$=3+100lgl.05≈5.12。通过计算解得 x$_{100}$=131800（英镑）。于是，第二个 100 年末本利和为 x$_{200}$=31 000×1.05^{100}，依然两边取对数，lgx$_{200}$=lg31000+100lg1.05≈7.61。则 x$_{200}$≈4087000（英镑）。

经过计算，我们可以发现富兰克林遗嘱中所讲的数据与实际计算结果基本一致。他分配财产时是经过精密计算的，这位伟人将自己生前仅有的 1000 英镑全部捐赠出去，并且让这笔钱通过合理的规划更有价值，其伟大可见一斑！

阿拉伯数字的发明与传播有怎样的历史

在日常生活中，我们经常用到像"0、1、2、3、……"这样的数字就是阿拉伯数字。阿拉伯数字得到广泛的应用和传播，后来成为当今国际的通用数字。你知道阿拉伯数字，这是谁发明出来的吗？它又是如何传播的呢？

阿拉伯数字从名字上很容易让人产生误解，很多人误认为是阿拉伯人发明了阿拉伯数字，并且一直沿用至今。其实，是印度人发明了从 0 到 9 这 10 个数字，他们才是阿拉伯数字的真正发明人。阿拉伯人是阿拉伯数字的重要传播者而不是发明者，一名旅行者把阿拉伯数字从印度带到了阿拉伯帝国首都——巴格达，这才使得阿拉伯数字第一次展现在阿拉伯人民面前。由于阿拉伯数字书写方便、使用简单，所以很快在整个阿拉伯国家风靡起来，甚至经阿拉伯人之手传到了远在西方的欧洲。当时欧洲人使用的还是写法繁杂的罗马数字，远不及阿拉伯数字简单明了，所以这些数字很快在欧洲普及开来，被人们所接受。

　　阿拉伯数字传入中国是在 13 ~ 14 世纪，传入之初并没有引起人们的重视，所以也没有得到普及。后来大约到了 20 世纪，中国开始吸收外国数学的先进文化，这时阿拉伯数字才得到推广。换而言之，阿拉伯数字的普遍使用在中国也不过是百年的历史，但是它现在已经不折不扣地发展成为我们日常生活和交往中的常用数字了。

▲ 一枚古印度硬币上刻着阿拉伯数字

小数有多小

　　小数是最小的数吗？这句话显然问得不正确。小数是实数的一种，它是实数的特殊表现形式。一个小数由整数部分、小数部分和小数点组成。一个小数整数部分和小数部分的分界点是小数点。小数可以分为纯小数、带小数、有限小数、无限小数。无限小数包括无限循环小数和无限不循环小数。我们知道，小数和分数有时可以相互转化。但是无限不循环小数是无理数，不能转化为分数。无限循环小数可以化为分数。所有的分数都可以转化为

　▼ 数学符号与小数点

小数。有理数可以精确地表示为两个整数之比。

　　小数可以做余数吗？按照除法的定义，小数在理论上可以做余数。但是，小数除法比整数除法要高级，习惯上，我们会把小数化成整数来计算并求余数。除数和被除数同时扩大若干倍，商不变，余数会随之变大，所以，就不提倡用小数作为余数了。两个小数的比较类似于整数，从高位起依次在相同数位上比较数的大小。

　　没有最大的小数，也没有最小的小数。因为小数具有无穷小或无穷大的性质。像 10^{-100} 这个小数，也不是最小的小数。因为 $10^{-101} < 10^{-100}$。所以，不存在最小的小数。类似的，也不存在最大的小数。若将整数"1"平均分成几份，100 份，1000 份，……那么，0.1 就是表示"1"的十分之一；0.01 就是表示"1"的百分之一；0.001 就是表示"1"的千分之一……数量单位的转换，也有可能会出现小数。

第九章

离不开的
电子科技

　　在科技高度发展的今天，我们每天都被电子产品包围着，无论你是去银行、医院还是学校，都离不开电子产品，电子产品已经和我们的生活密不可分了！你在使用电子产品的同时，是不是也对电子产品的神奇感到惊讶，总想对电子产品有更多的了解啊？接下来，就让我们一起走进生活中的电子产品世界吧！

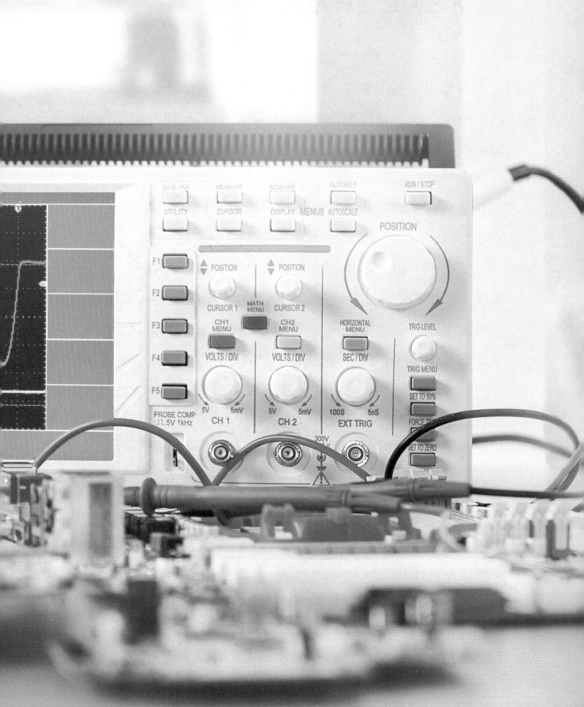

手机之间是怎样建立联系的

当你坐公交车时，是不是会看到这样的场景：几乎每个人都在使用手机，有打游戏的，有听音乐的，有接打电话的……可见手机在我们的生活中无处不在，人们的日常生活已经离不开它啦！

手机几乎到哪儿都可以使用，那么手机之间是怎么建立联系的呢？

原来啊，世界各地都分布着许多发射站和接收站，正是它们实现了手机的信号连接。借助于基站和手机之间的无线电波交换，手机就可以传播数据和语言等信息了。那么，什么是基站呢？基站（Base Station，BS）是固定在一个地方的高功率多信道双向无线电波发送机。用手机打电话或者发信息时，手机发出的无线电波信号就会同时由附近的一个基站接收和发送，电话通过基站接入到移动电话网的有线网络中去。

基站其实就是单部手机无线电波的发射站和接收站。在手机开通之前，必须要买一张有电话号码的电话卡，这张卡里含有一个计算机微芯片，里边存有加密的识别数据，只有将这张卡放进手机之后，手机才可以使用。

手机要实现使用功能除了信号传输之外，还需要本身具备一定的硬件支持，主要的组成部件有扬声器、屏幕、电池、麦克风、主板和天线等。主板中有最重要的计算机芯片，天线是手机信号的发射器和接收器，手机开机后，就会自动搜索最近的、效果最佳的基站，并且自动建立好连接。

　　手机之间建立联系看上去很简单，其实无形的东西也是很复杂神奇的。

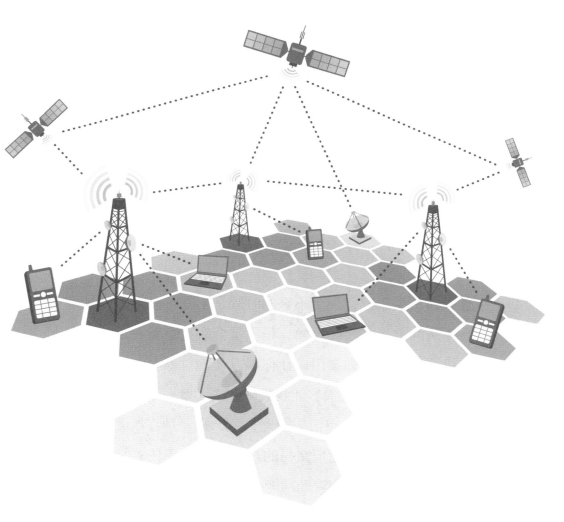

▲ 手机通过基站建立通信

▲ POS 机能够实现移动支付

为什么 POS 机可以上门服务

你去超市买东西，现金不够的时候是不是可以很方便地刷卡啊？当你从网上买东西的时候，是不是会有人拿着一个计算器大小的小机器，直接去你家门口让你很方便地付款呢？这个神奇的小机器其实就是 POS 机啦！让我们一起去了解一下它吧！

POS 机全称为销售点情报管理系统，是一种终端阅读器，配有条码或 OCR 码，有现金交易的功能，其主要任务是对商品与媒体交易提供数据服务和管理功能，并进行非现金结算。

POS 机是通过读卡器读取银行卡上的持卡人磁条信息，由

POS 机操作人员输入交易金额，持卡人输入银行卡密码，POS 机把这些信息通过银联中心，上传至发卡银行系统，完成联机交易，给出成功与否的信息，并打印相应的票据。通过 POS 机我们实现了信用卡、借记卡等银行卡的联机消费，使我们的消费交易更安全、快捷和准确。POS 机按通信方式可分为两大类：固定 POS 机和无线 POS 机。固定 POS 机需要连线操作，客人需要到收银台付账，比较适用大型超市、银行和医院等；无线 POS 机可以无线操作，付款地点自由，主要适用于到客人住所收款或者商场里的各种卖家或者某些小餐馆等！无线 POS 机虽然有通信信号不稳定、数据易丢失的缺点，但由于它体积小、便于携带、付款地点自由的特点，仍然被越来越广泛地使用！

计算器是怎样精确地进行数字运算的

我们都知道造纸术、印刷术、火药和指南针是中国伟大的四大发明。其实"算盘"也应该算是中国最伟大的发明之一！古人用算盘来计算各种数字，并且可以做到很准确！令世界上很多国家都对我们赞叹不已！随着时代的进步，计算器出现了，并且逐渐替代了算盘！计算器虽然不像算盘那样有深厚的历史底蕴，却比算盘更精确，更简单方便！那么小小的计算器是怎么精确运算数字的呢？

计算器一般由运算器、控制器、存储器、键盘、显示器、电

▲ 计算器

源组成。计算器不能自动地实现操作过程，必须由人来操作完成，它与计算机存在很大的差别。现在的计算器根据表现形式可分为实物计算器和软件计算器，这些计算器很多可以进行三角函数、统计等各类复杂的运算！简单计算器的运算器、控制器只能进行简单的串行运算，其随机存储器只有一二个单元，供累加存储用。高档计算器由微处理器和只读存储器实现各种复杂的运算程序，有较多的随机存储单元以存放输入程序和数据。键盘是计算器的输入部件，一般采用接触式或传感式。为了控制计算器的体积，发明者会让一键拥有多种功能。接下来我们再说一下计算器的输出部件——显示器吧！它有很多种类，像发光二极管显示器和液晶显示器等。显示器有显示计算结果、溢出指示、错误指示的功能。计算器电源主要用电池，并且有些电池可以通过太阳能充电！

超市防盗器是怎样防盗的

在这个科技高度发展的时代，安全系统做得越来越周密，其中监控器就是最突出的一种防盗安全监控系统！监控器的应用范围很广，不管是居民住宅、商场、超市，还是财务室、银行、ATM 机附近，都离不开它！并且不同的应用领域，需要的监控器类型不同。

监控器是一款圆孔、性能突出的监控软件，只要输入对方的 IP 和控制密码就能在已经连接好的电脑上实现千里之外的远

▼ RFID 标签

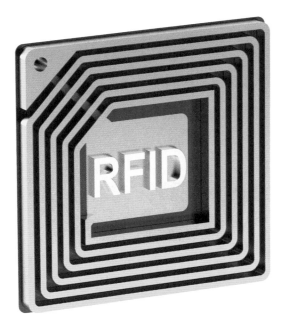

程监控。随着科技的进步，很多大型超市为了方便，都开始使用 RFID 防盗系统了。

RFID 又称无线射频识别，是由天线和电子芯片组成的微小设备。在超市的出口处有一个无线电发射器和一个接收器，如果商品上的电子防盗标签接触到 RFID，电子芯片就会发射出能量并反射特定的信号，然后警报就会响起！那么，什么是 RFID 电子防盗标签呢？它和条形码有什么不同吗？有条形码的 RFID 电子防盗标签和条形码从外表看都印刷有条码，都可进行条码识别；不同点在于，RFID 电子防盗标签内含电子线圈，主要功能是防盗，通过射频防盗门后，防盗门会报警。RFID 电子防盗标签一般覆盖在商品条形码位置，伪装成条形码，如贴在其他位置，偷盗者会撕毁 RFID 而达不到防盗效果。

小贴士

在猫狗等宠物的皮肤下植入这种芯片，如果猫狗走丢了，就可以根据 RFID 编号来找到它们。

验钞机是如何辨别真伪的

银行每天的现金业务量非常大，验钞机已经成为必不可少的设备！并且验钞机在辨别钞票真伪的同时，还可以清点钞票的数

▲　验钞机

目。这种得力的验钞助手是如何辨别钞票真伪的呢？看完下边的内容，你就可以完全了解啦！

　　验钞机由捻钞、出钞、接钞、机架、显示器和电子电路等六部分组成，它通过检测人民币的固有特性来分辨真假。验钞机是机电一体化产品，涉及机械、电、光、磁等多个领域，需要各方面互相配合。它的辨伪手段通常有三种方式：荧光识别、磁性分析和红外穿透。荧光识别的工作原理是针对人民币的纸质进行检测；磁性分析的工作原理是利用大面额真钞（20元、50元、100元）的某些部位是用磁性油墨印刷的，采用一组磁头检测运动钞票的磁性，利用电路分析检测到的磁性，以此来辨别钞票的真假；红外穿透的工作原理是利用人民币对红外信号吸收能力较强来辨别钞票真假，人民币对红外线的吸收特性是由人民币纸张坚固、密度较高，以及油墨厚度较高决定的。

随着印刷技术、复印技术和电子扫描技术的发展，伪钞制造水平越来越高，所以我们必须不断提高验钞机的辨伪性能。

为什么超市的扫描收银机可以读取价格

去超市买东西我们都有这样的经历，收银员只要用一个机器扫描一下我们买的商品，就可以在电脑上显示出价格！是不是很神奇！为什么超市的扫描收银机可以读取商品的价格呢？难道它有特异功能吗？还是收银员有准确记住所有商品价格的超强记忆力呢？让我们一起来了解一下其中的奥妙吧！

原来啊，每一个商品都有一个属于自己商品类型的条形码，这些条形码内存储着一个参数，当收银员把商品放在扫描收银机的扫描窗上方时，激光二极管发射出的红光迅速地接触到商品的

▼ 商品条码

表面，扫到条形码并反射回去。激光二极管会测量折回的光的亮度，通过明暗来识别参数。超市里的计算机就可以利用这个参数来提取商品的种类和价格等信息啦。当某种商品的存货量过低时，扫描收银机还会给出提示。

其实不光超市扫描收银机是利用条形码来识别商品价格和种类的，图书馆也是利用图书的条形码来识别和管理图书的。条形

▼　扫描收银机

码和扫描收银机在很多地方都是不可缺少的。在超市购买东西如果没有条形码和扫描收银机的帮助，不知道要排队等上多少个小时才可以结账。所以说这些高科技电子产品真的给我们的生活带来了很大的方便。

扫描仪是怎样工作的

基本在每个公司里，都会有这样一台电脑，它是和扫描仪连在一起的，用来扫描工作中所需要的文件和资料等。会用扫描仪是最基本的工作技能！那么扫描仪的工作原理是什么？有哪些种类呢？让我带大家了解一下吧！

扫描仪是利用光电技术和数字处理技术，以扫描方式将图形或图像信息转换为数字信号的装置。扫描仪经常和计算机连接，在扫描仪缓慢地扫过文件时，会测量每一个像素的亮度和颜色，并将这些信息以数字的形式传送给电脑，用于显示、编辑、存储和打印。扫描仪的核心部件是光学读取装置 CCD 和模数（A/D）转换器。分辨率是扫描仪最主要的技术指标，单位为 PPI，它表示扫描仪对图像细节上的表现能力。大多数扫描仪的分辨率为 300 ~ 2400PPI。PPI 数值越大，扫描的分辨率越高，扫描图像的品质越高，但这是有限度的。当分辨率大于某一特定值时，只会使图像文件增大而不易处理，并不能对图像质量产生显著的改善。扫描仪可分为三大类型：滚筒式扫描仪、笔式扫描仪和便携式扫

▲　扫描仪

描仪。近几年还出现了胶片扫描仪、底片扫描仪和名片扫描仪等。在使用扫描仪的过程中，我们一定要注意维护保养它哦！

　　生活在这个高科技的时代，从现在就要学习使用办公所需的基本仪器，为你以后的工作打好基础。

未来的地球真的会成为"数字地球"吗

　　在电视上，你是不是会经常看到这样的场面：很多高科技产品出现在你的视野，一个人走进一家银行，进入一间储存着很多

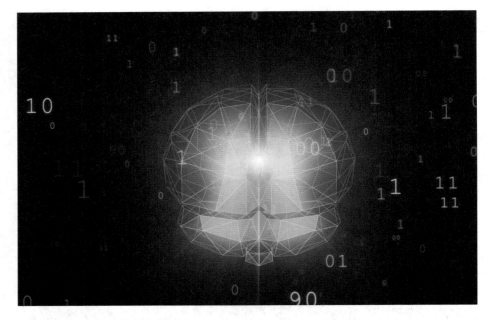

▲ 数字化虚拟世界

储钱柜的房间，然后用手轻轻在空中一划，便会出现一个多维体的画面，然后在这个多维体中，输入一些密码，储钱柜就会自动打开，这个人拿着钱便匆匆离去。这个房间中出现的多维立体画面，其实就是数字化的虚拟境界！

你一定会问：未来的银行真的会成为这样吗？这种高科技真的会在现实生活中存在吗？

电视节目总归是节目，它总是来源于生活并且高于生活很多。未来的地球真的会成为数字地球，但是不一定会达到电视上出现的那种多维立体数字化程度。你一定会问：那会成为什么样的"数字地球"呢？"数字地球"，是美国前副总统戈尔 1998 年 1 月在加利福尼亚科学中心开幕典礼上发表的题为 "数字地球：认识

21 世纪我们所居住的星球"演说时，提出的一个与 GIS、网络、虚拟现实等高新技术密切相关的概念。准确地说，数字地球运用海量地球信息对地球进行多分辨率、多尺度、多时空和多种类的三维描述，集成计算机技术、多媒体技术和大规模存储技术，以宽带网络作为纽带和工具来支持与改善人类的活动和生活质量。数字地球除了可以检测全球气候变化、海平面变化、荒漠化、生态与环境变化、土地利用的变化外，还可以智能化地检测交通。另外，数字地球还可以用在农业上。

所以，我们有理由相信，未来的地球真的可以成为数字地球。

未来的机器人真的会无处不在地为人类服务吗

想象一下这样的场面，在餐馆里吃饭，机器人问你："您好，您需要什么？这是菜单，请您点餐。"机器人记下你的菜单后，过会儿再把你点的餐给你端上来；在家里，你需要喝水，和机器人说一声，它马上给你端过来；你的学习差，也不用担心，让机器人来帮你辅导；无聊了，让机器人和你聊聊天；家里乱了，让机器人帮你做家务……这样的场面是不是很吸引人？这种生活是不是对你很有吸引力啊？

那么，这种生活真的会实现吗？机器人在未来真的会无处不在吗？

现在，很多科学家都在致力于机器人的研究，他们想要制造出普通人都可以买得起的机器人，就像买一台电脑和电视机一样。然后让这些机器人帮助照顾老人和孩子，帮助做家务，等等。但是想要机器人真正地像人类一样活动，对机器人要有很高的要求。它们必须有很好的视力、渊博的知识、高度的智能，并且能够在复杂多变的环境中，自主灵活地做出各种判断，然后处理各项事务。另外，这些机器人还必须具备很强的实践能力，在实践中，慢慢熟练地掌握各种事情的做法。这个过程就像小孩子慢慢学会做各种事情一样。

　　科学家们都有极其聪慧的大脑和高智商的想法，相信在不久

▼　正在做清洁的智能机器人

的将来，到处都能有机器人为我们服务！如果那一天真的到来了，我们人类一定不可以变得懒惰啊！要把机器人当作提高生活质量的帮手，而不是变成懒人的帮手啊！而且还要善待机器人！

未来的机器人真的可以进入人体内去修补损伤吗

在很多科幻作品中，你总是会看见这样的机器人——它们穿着各式各样美丽的铠甲，有超高的智商，看起来特别聪明。现在很多机器人已经被生产出来，并且一些已经被应用到医学上啦！让我们一起来看看医学中使用的机器人吧！

机器人在医学方面的应用非常广泛，比如：实验室机器人、医疗康复机器人、外科手术机器人、生物机器人等。在世界各地的许多手术室中，已经使用了手术机器人，这些机器人不是真正的自动化机器人，它们不能自己进行手术，但是它们给手术提供了有用的机械化帮助。

纳米机器人是纳米生物学中最具有诱惑力的应用。第一代纳米机器人是生物系统和机械系统的有机结合体，这种纳米机器人可注入人体的血管内，进行健康检查和疾病的治疗，还可以做人体器官的修复工作、整容手术、从基因中除去有害的 DNA 或者把正常的 DNA 安装到基因中，使机体正常运行；第二代纳米机器人是具有特定功能的纳米尺度的分子装置，该装置是直接由原

▲ 医用纳米机器人

子或分子装配而成的；第三代纳米机器人是一种包含纳米计算机、可以进行人机对话的装置。

很多国家对纳米机器人的研制已经取得了很大的成功。2012年7月美国佛罗里达大学的科学家研制出一种能够100%杀灭丙肝病毒的纳米机器人；以色列巴伊兰大学的研究人员在2014年4月成功地研究出了一种医用纳米机器人，这种机器人可以利用DNA链在活动物体内按照编制的程序执行逻辑操作。可以肯定不远的将来，纳米机器人将会带来一场医学革命，成为人类医学中不可或缺的好帮手！

我们应该怎么处理电子产品垃圾呢

随着电子科技产业的飞速发展，电子垃圾的产生数量也会越来越多！自 2014 年以来，全球电子废物量增长率为 21%，预计到 2030 年将增长到 7470 万吨。面对这么庞大的电子产品垃圾，我们应该怎么正确处理呢？

电子产品废弃物包含多种有害物质，不能简单地做填埋或者焚烧处理，因为在填埋的过程中，电子废弃物中的重金属会渗入土壤，进入河流和地下水，将会造成当地土壤和地下水的污染，直接或间接地对当地的居民及其他的生物造成损伤；而焚烧处理这些有机材料，会有大量有害气体释放出来，这些有害气体会对自然环境和人体造成很大的危害。所以最好的方法是妥善回收并且利用这些电子废弃物。

回收的电子产品垃圾，专业机构可以集中处理，通过人工拆解和机械拆解分拣的方法，将可以利用的部分进行二次利用；将不可以利用的部分集中进行微生物处理等，这样不仅会保护自然环境，也有利于经济可持续发展。现在各个国家都在对电子废弃物处理的方法进行研究，相信以后会有越来越多好的处理办法！

◀ 电子废弃物

　　如果你想要天空和大海依然是蔚蓝的，小草依然是绿的，还想背起行囊去游遍青山绿水，就要学会正确地处理电子产品垃圾，因为未来的你们将是电子产品使用的主力军，未来的环境好坏取决于你们这一代的年轻人！